Die Theorie Malcolm Knowles über das Erwachsenenlernen im Fokus des Hochschulunterrichts

Eine Validierungsstudie zur Überprüfung der Knowles'schen Andragogik am Beispiel Statistik

David Meier

Die Theorie Malcolm Knowles über
das Erwachsenenlernen im Fokus
des Hochschulunterrichts / David Meier
Münchenstein: Eigenverlag D. Meier, 2011

ISBN: 978-1-4710-3081-9

Druck: Lulu Enterprises Inc, 860 Aviation Parkway
Suite 300, Morrisville NC 27560
United States of America

Umschlagsentwurf: lulu.com

Inhaltsverzeichnis

1 Vorwort

Die vorliegende Schrift entstand im Rahmen einer Masterarbeit an der Fachhochschule Nordwestschweiz. Die vorliegende Publikation davon soll einen bescheidenen Beitrag leisten, im deutschsprachigen Raum die Andragogik von Malcolm Knowles bekannter zu machen und dazu aufzuzeigen, dass die darin verwendeten Thesen einer wissenschaftlichen Validierung stand zu halten vermögen.

Die Arbeit setzt sich aber nicht allein mit der Theorie Knowles auseinander. Sie verfolgt das Ziel, den Hochschulunterricht, wie er am Beispiel der Statistik dargelegt wird, zu erforschen und aufzuzeigen, was erwachsenen Lernenden hilft Wissen zu erlangen. Der Fokus liegt dabei vorwiegend auf der Frage „Wie lernen Erwachsene?“ und „Was ist ihnen dabei wichtig?“. Mit diesen Hauptfragen soll der praktischen Umsetzung ein hoher Stellenwert beigemessen werden. Dies ist obendrein wichtig, weil die in dieser Schrift vorgestellten Ideen nicht nur auf die Hochschule angewandt werden können. Lebenslanges Lernen (LLL oder Life Long Learning) ist in der heutigen Wissensgesellschaft zu einer hochbedeutenden Thematik angewachsen. Erwachsene wollen und müssen sich bis ins Alter fort- und weiterbilden. Damit einhergehend gibt es entsprechende Kurse und Fortbildungsprogramme. All diesen ist gemeinsam, dass sie auf die spezifischen didaktischen und persönlichen Bedürfnisse von Erwachsenen eingehen müssen. Leider ist die Praxis nicht selten stark nach der klassischen Schulpädagogik ausgerichtet oder nach erwachsenenpädagogischen Konzepten, wie sie gut für Kurse des Freizeitbereichs passen (z.B. Sprachkurse für Ferienreisen). Weiterbildungsthemen, wie etwa Statistik, wo komplexes Wissen für den professionellen Einsatz erworben werden muss, stellen allerdings andere Herausforderungen an Lehrpersonen wie auch an Lernende. Dabei sind Konzepte aus der wissenschaftlichen Forschung jedoch vielfach unbekannt und fliessen somit auch nicht in die Kurse für die erwachsenen Lernenden ein.

Ich hoffe mit dieser Schrift die beschriebene Lücke ein bisschen zu füllen und hoffe, dass uns die Zukunft noch weitere spannende Erkenntnisse aus der Forschung über das Erwachsenenlernen bescheren wird.

Münchenstein, Dezember 2011 *David Meier*

2 Einleitung

2.1 Problemstellung und Forschungsziel

Statistik ist ein professionelles Werkzeug, welches es Fachleuten erst erlaubt, fundierte Schlüsse aus Daten zu ziehen. In Wissenschaft und Wirtschaft ist sie nicht nur ein Gebiet für Spezialisten, immer mehr muss auch das Management über sattelfeste Statistikkenntnisse verfügen, um die relevanten Forschungsergebnisse und Reporte richtig zu verstehen und zu interpretieren.

Statistik ist im Gegensatz zu Mathematik oder Sprachen ein Fach, das praktisch ausschliesslich im Erwachsenenalter gelehrt und gelernt wird und dies meist an Hochschulen oder ähnlichen Institutionen. Dort zeigt die Erfahrung, dass der Statistikunterricht von vielen Studierenden als schwierig und unangenehm empfunden wird (Garfield et al. 2002: 1).

Die beschriebene Situation führt dazu, dass wegen der Relevanz von Statistik sehr viele Erwachsene Statistikkurse besuchen, gleichzeitig aber im Unterricht den Stoff nicht so lernen und verstehen, dass er ihnen in der Praxis einen Nutzen bringt.

Dieses Setting bietet den Rahmen für die vorliegende Untersuchung. Im Bereich der Erwachsenenbildung gibt es wichtige Ansätze, wie ein effektiver Unterricht für erwachsene Menschen gestaltet werden kann. Solche Ansätze flossen vor allem in den USA in eine Diskussion um einen neuen Statistikunterricht ein.[1] Theoretische Grundlagen für die Vermittlung von Statistik waren die Arbeiten von Malcolm Knowles. Dieser hat ein hypothetisches Gebäude unter dem Namen Andragogik erarbeitet, welches sich im Kern darauf fokussiert, wie Erwachse-

1 Einen guten Einblick in diese Diskussion gibt z. B. David S. Moore (Moore, 1997).

ne lernen.[2] In der Diskussion darüber, was ein guter Statistikunterricht ist, bilden die Thesen von Knowles gewissermassen das Herzstück.

Die vorliegende Arbeit nimmt das Spannungsfeld Statistikunterricht und Erwachsenenbildung auf und untersucht, ob die Theorie von Knowles und in einem erweiterten Sinne die Diskussion um einen effektiven Statistikunterricht einer empirischen Überprüfung standhalten. Das Ziel und damit verknüpft der Nutzen der Arbeit ist das Aufzeigen von Konsequenzen und Ableitungen für den Unterricht.

2.2 Die quantitative Methodik

Der hier verfolgte Ansatz möchte messen, was bisher noch nie gemessen wurde. Theoretisch wird viel über Erwachsenenbildung nachgedacht, messbare Daten sind aber in der Fachliteratur eher selten. Deshalb ist es ein Schwerpunkt der vorliegenden Arbeit, verlässliche Zahlen zu ermitteln und zu messen, was Erwachsenen beim Lernen wichtig ist.

Der angewandte Forschungsansatz ist in seiner Natur rein empirisch. Es wird anhand der Theorie ein Hypothesengebäude erstellt. Die daraus abgeleiteten Hypothesen werden operationalisiert und in einem Katalog als Fragebogen zusammengestellt, welcher einer ausgewählten Teilnehmergruppe zum Ausfüllen überreicht wird. Aufgrund der Resultate der Stichprobe wird nach den Gesetzen der Stochastik wo möglich auf die Grundgesamtheit geschlossen und damit die Theorie überprüft.

Auf einen hohen Realitätsbezug wird grosser Wert gelegt. Die erhobenen Daten wurden sehr sorgfältig ermittelt und stammen aus dem Unterrichtsalltag von Erwachsenen, die alle Statistikkurse belegt haben. Es handelt sich also nicht um ein Laborexperiment, sondern die Situation wurde effektiv so erfasst, wie sie sich Lehrkräften und erwachsenen Lernenden in der Praxis stellt.

---

2 Eine gute Übersicht über das Theoriegebäude von Knowles liefert die neueste Ausgabe seines Hauptwerkes: (Knowles, 2005).

2.3 Aufbau

Nach dieser einleitenden Darstellung von Ziel und Methodologie wird zunächst in Kap. 3 der Untersuchungsgegenstand bezeichnet und dann in Kap. 4 die theoretische Basis für diese Arbeit vorgestellt. Zum einen betrifft dies den Statistikunterricht als Fach, zum andern die Theorie des Erwachsenenlernens von Knowles. Es wird beleuchtet, um welche Inhalte es im Statistikunterricht geht, wo die Schwerpunkte gesetzt werden und wo die Probleme liegen, die es allenfalls erwachsenenbildnerisch anzugehen gilt. In Kap. 5 wird die quantitative Untersuchung vorgestellt. Wichtigster Punkt dort ist die operationale Definition. Ausgehend von den konzeptionellen Definitionen aus der zu überprüfenden Theorie entsteht ein Modell, das aus sechs Arbeitshypothesen besteht. Diese werden dann so operationalisiert, dass zu jeder Hypothese ein Fragenkomplex entsteht, der die einzelnen Items für den Fragebogen stellt. Auf dieser Basis wird in Kap. 6 das Modell von Knowles überprüft und es werden die Resultate der Auswertung vorgestellt.

Als Ableitung aus der Untersuchung wird zuletzt in Kap. 7 eine mögliche Umsetzung der gefundenen Resultate für die Praxis diskutiert.

3 Untersuchungsgegenstand und Theorie

3.1 Sozio-technischer Hintergrund

In den letzten drei Dekaden wurde viel über die Unzufriedenheit gegenüber der didaktischen Gestaltung von Statistikkursen geschrieben, was im gleichen Zug zu neuen Vorschlägen zur Vermittlung statistischen Wissens führte. Heute kann man von einer Reformbewegung sprechen, die auf den Ebenen des Inhalts, der Pädagogik und Technik etwas zu verändern versucht. Eine der Kernforderungen ist die Betonung des «statistischen Denkens», so meinen Garfield et al. (2002: 2):

> "… We believe that while an introductory course cannot make novice students into expert statisticians, it can help students develop statistical thinking, which they should be able to apply to real world situations."

Die Problematik basiert wesentlich auf zwei Entwicklungen, die in den letzten drei Dekaden stattgefunden haben:

a) Entwicklung neuer Technologien

b) Breiterer Einsatz von Statistik

3.1.1 Entwicklung neuer Technologien

Seit der Einführung des Personal Computers in den siebziger Jahren hat eine eigentliche technologische Revolution eingesetzt, welche als Folge dazu führte, dass immer mehr Daten gesammelt und analysiert werden. Dies dokumentieren eindrücklich die Zahlen an der Universität Zürich für die Jahre 1983 bis 1997[3]:

---

3 Quelle: RZU Aktuell 1998 Nr. 101 (http://www.id.uzh.ch/cl/zinfo/old/editor101/editor_9.html).

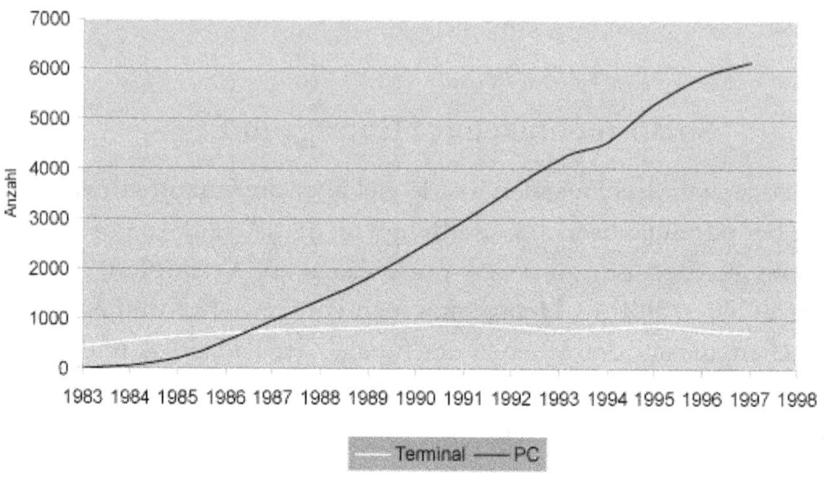

Abbildung 1: Entwicklung von Computerarbeitsplätzen.

Die Anzahl der PCs nahm rasant zu; gab es 1983 erst sechs solche Rechner, so standen nur vier Jahre später bereits knapp 1000 Rechner im Einsatz. Mitte der 1990er Jahre gab es mindestens einen Computer pro Angestellten. Eine andere interessante Tendenz ist aus Abbildung 1 zu ersehen, nämlich der Trend weg von Grossrechnern, an denen die User mit den Terminals rechnen mussten. Dies zeigt neben der weiten Verbreitung der Rechner die zunehmende Individualisierung resp. Dezentralisierung der IT. Jede Person kann eigenständig, unabhängig von Spezialisten, eine sehr hohe Rechenleistung in Anspruch nehmen. Durch diese Entwicklung sammeln sich immer mehr Daten an, die von immer mehr Menschen ausgewertet werden können oder müssen. Durch die beständig schnelleren Prozessoren und grösseren Speicher wird ebenfalls eine höhere Geschwindigkeit beim Berechnen erzielt. Als Konsequenz entstehen auf verschiedenen Ebenen Ansprüche, sowohl auf individueller als auch auf institutioneller Ebene. Als Individuum möchte man die neuen Möglichkeiten ausschöpfen können, und die Institution verlangt, dass die ihr zugehörigen Personen die neuen Technologien ausreizen. Wenn man bedenkt, dass früher Statistik mit Bleistift, Papier und vielleicht mit einem Taschenrechner betrieben werden musste, so kann die Bedeutung der neuen Technologien nicht hoch genug eingestuft werden. Ein modernes Statistikprogramm berechnet die Resultate in Sekunden und dies für alle möglichen Situationen. Dies stellt sowohl die Ausbilder wie die Lernenden vor schwierige Herausforderungen. Denn es geht nun nicht mehr nur um den fachtechnischen Inhalt, genauso wichtig werden Computerkenntnisse und Erwachsenenpädagogik.

3.1.2 Neue Lerntheorien – neue Perspektiven

Als parallele Entwicklung zum Technologieschub des letzten Jahrhunderts veränderte sich auch der Blick auf das Lehren und Lernen. Eine der wichtigsten Neuausrichtungen war der Wechsel weg vom Informationstransfer hin zu einem konstruktivistischen Ansatz von Lernen (Moore, 1997: 124). Besondere Bedeutung fand das selbstgesteuerte Lernen. Zum einen führten die bereits erwähnten technischen und gesellschaftlichen Änderungen dazu, dass bestehendes Wissen schnell veraltete und dass sich die Fachleute mit einem immer schneller werdenden Erneuerungszyklus konfrontiert sahen. Durch diese dynamische Veränderung von Wissensbeständen wird die Fähigkeit, selbstgesteuert zu lernen, zu einer Schlüsselqualifikation in der Informationsgesellschaft (Krapp, Weidenmann,1992). Der lerntheoretische Perspektivenwechsel in der pädagogischen Psychologie setzte neu das Lernen vor das Lehren. Die behaviorale Auffassung, nach welcher Lernen vorwiegend durch äussere Reize stattfand, trat in der Hintergrund. Nach konstruktivistischer Auffassung konstruiert der Lernende sein Wissen. Lehren heisst hier, den Lernenden Erlebnisse zu verschaffen und Probleme vorzulegen, damit sie ihr Wissen und Können selbst aktiv aufbauen können. Die Rolle der Lehrkraft ist nicht mehr instruierend, sondern moderierend. In der angelsächsischen Literatur hat sich dafür der Begriff *Facilitator* eingebürgert, die Lehrkraft ist also eine Lernförderin oder Lernbegleiterin statt eine Instruktorin.

> «Erwartet wird von den modernen Lernbegleitern eine subsidiäre Führung, dass sie u. a. an die Lernerfahrung ihrer Studierenden anschliessen, sie beteiligen am zu bearbeitenden Inhalt, am me-

thodischen Vorgehen und am Gestalten des gesamten Lerngeschehens.» (Strittmatter-Haubold 2003: 240)

Der Konstruktivismus lehrt nicht vereinfachtes Wissen, sondern die Realität. Lernen kann nur in einem aktiven Prozess geschehen, weil allein aus eigenen Erfahrungen und Erkenntnissen das individuell vorhandene Wissen und Können verändert und personalisiert wird. Wesentlich ist das Lernen im sozialen Kontext. Konstruktivismus beschränkt sich nicht nur auf kognitive Aspekte. Gefühle sowie persönliche Identifikation sind ausserordentlich bedeutsam.

3.2 Reformbewegung für den Statistikunterricht: die neue Schule

Wie bereits aufgeführt, hat sich der gesellschaftliche und technische Hintergrund für den Einsatz von Statistik grundlegend verändert. Dies hat vielerorts dazu geführt, nach neuen Ansätzen für den Unterricht zu suchen. Am ausgeprägtesten wurde die Diskussion sicherlich in den USA geführt. Dort ist in den 1990er Jahren ein Diskurs unter dem Namen «Reform Movement in Statistical Education» entbrannt. Seine Wurzeln reichen zurück in die späten 1970er Jahre. Zu nennen ist hier speziell David S. Moore mit seinem Buch *Statistics: Concepts and Controvercies*[4]. Entfacht hat aber erst George Cobb mit seinem Beitrag *Heeding the Call for Change* für die Mathematics Association of America (MAA)[5]. Er unterbreitete dort wichtige Neuerungen, die in der Folge lebhaft diskutiert wurden. Die drei wichtigsten Empfehlungen lauteten (Cobb 1992: 5–10):

1. Betonung des statistischen Denkens
2. Verwendung von mehr Daten aus der Praxis
3. Aktives Lernen mit einer modernen Pädagogik

---

4 (Moore, 1996)

5 (Cobb, 1992)

3.2.1 Das statistische Denken

Ein zentraler Punkt der Reformbewegung ist der Blick auf Konzepte, Überlegungen und das Denken. Eine Einführung in Statistik etwa im Rahmen des Grundstudiums sollte die Studierenden auf das Wesentliche der Statistik lenken. Viele Kurse könnten verbessert werden, indem die gleichen fundamentalen Elemente vertieft miteinbezogen werden. Tabelle 1 beinhaltet eine Übersicht dieser wichtigen Elemente (American Statistical Association, 2005: 8):

- *Der Bedarf an Daten:* Anerkennung der Notwendigkeit, persönliche Entscheidungen auf Grundlage wissenschaftlich gesicherter Erkenntnisse (Daten) zu treffen und die Gefahren zu kennen, die auf Annahmen basieren, die nicht durch Beweise untermauert sind.

- *Die Bedeutung der Datenproduktion:* Erkenntnis, dass es schwierig und zeitaufwendig ist, Probleme zu formulieren und Daten von guter Qualität zu bekommen.

- *Die Allgegenwart der Streuung:* Erkenntnis, dass die Variabilität allgegenwärtig ist. Streuung ist das Wesen der Statistik als Disziplin und sie ist nicht am besten durch eine Vorlesung zu verstehen. Sie muss erlebt werden.

- *Die Quantifizierung und Erklärung der Variabilität:* Erkenntnis, dass Variabilität gemessen und erklärt werden kann, dies unter Berücksichtigung der folgenden Punkte: (a) Zufälligkeit und Verteilung; (b) Muster und Abweichungen (Passform und Rest); (c) mathematische Modelle für Muster; (d) Modell-Daten Dialog (Diagnose).

Tabelle 1: Fünf Basiselemente.

Damit soll erreicht werden, dass die Studierenden lernen, die richtigen Fragen zu stellen, Daten richtig und gezielt zu sammeln, die erhaltenen Informationen zusammenzufassen und zu interpretieren. Und letztlich die Grenzen der schliessenden Statistik zu verstehen (Garfield et al. 2002).

3.2.2 Praxisnahe Daten und Auswertungen

Der Fokus soll praxisorientiert ausgerichtet sein; nicht der theoretische Teil steht im Mittelpunkt, sondern die Anwendung der Statistik in der realen Welt. Theorie muss vermittelt werden, dient aber der Erklärung und darf nicht zum Selbstzweck werden. So meinen Garfield, Hogg, Schau und Whittinghill (2002: 2):

> "We believe that while an introductory course cannot make novice students into expert statisticians, it can help student develop statistical thinking, which they should be able to apply to real world situations."

In der Statistik gibt es traditionell eine starke Verbindung mit resp. Abhängigkeit von der Mathematik. Diese Mathematiklastigkeit wird aber in der Reformbewegung der Statistik stark bemängelt, weil sie die Studierenden vom eigentlichen Ziel, dem Erwerb des statistischen Denkens, eher ablenkt. So bringt es Moore (1997: 128) auf den Punkt, wenn er meint:

> "My candidate for the guillotine is formal probability."

Oder an anderer Stelle (S. 135):

> "I feel strongly, for example, that statistics is not a subfield of mathematics, and that in consequence, beginning instruction that is primarily mathematical, or even structured according to an underlying mathematical theory, is misguided."

Konkret soll ein Kurs mittels Beispielen und Computerprogramm zeigen, wie mit den Daten gerechnet werden kann, welche Resultate wie erzeugt werden und was die Bedeutung der errechneten Kennzahlen ist. Daneben muss aber der Verständnisfrage grösste Aufmerksamkeit geschenkt werden, das Aufzeigen und Erklären der Verfahren muss ergänzt und begleitet werden, in dem Sinne, dass die Studierenden zum Reflektieren des Gelernten und Geübten angeregt werden.

Eine Zusammenfassung der wichtigsten Punkte zum Arbeiten mit Daten zeigt Tabelle 2 (Garfield et al.; 2002: 1):

- Im Zentrum stehen reale (nicht nur realistische) Daten
- Statistische Konzepte wie Kausalität im Gegensatz zu Zusammenhang, experimentelle versus Beobachtungsstudien und Längs- versus Querschnittsstudien
- Verstärkter Einsatz von Computerprogrammen
- Formale Theorie soll weniger Priorität erhalten

Tabelle 2: Arbeiten mit Daten.

3.2.3 Aktives Lernen mit einer modernen Pädagogik

Die Kernidee eines aktiven Lernens beruht wie erwähnt auf dem konstruktivistischen Ansatz, dass Studierende nicht «leere Behälter» sind, die abgefüllt werden. Es sind erwachsene Menschen, die sich ihr Wissen im Unterricht und mit ihrer Erfahrung selber konstruieren.

Um dies zu veranschaulichen, kann hier das Konzept von Moore (2002: 125) zur Thematik der neuen Pädagogik[6], wie er es nennt, aufgezeigt werden:

- **Ziele:** Denken auf einer Meta-Ebene, problemlösend, flexible Fertigkeiten und Fähigkeiten, die auch in einem ungewohnten Setting Anwendung finden.

- **Die alte Schule:** Studierende lernen durch Informationsaufnahme, eine gute Lehrperson macht einen klaren Informationstransfer in einem angemessenen Tempo.

---

6 Hier wird der Begriff neue Pädagogik verwendet, wie er im Original von Moore (2002: 125) steht (new pedagogy).

- **Die neue Schule:** Studierende lernen durch ihre eigenen Aktivitäten, eine gute Lehrperson ermutigt und führt (to guide) das Lernen.

- **Was hilft lernen:** Gruppenarbeit in und ausserhalb des Unterrichts; Erklären und Kommunizieren; häufiges und rasches Feedback; das Arbeiten an Problemstellungen und offenen Problemen.

Moore spricht hier von alter und neuer Schule. Andere sind nicht so vorsichtig in der Formulierung und differenzieren klar zwischen Pädagogik und Andragogik (es ist hier übrigens interessant zu sehen, wie es eine Parallele zwischen Statistik und Andragogik gibt, beide scheinen sich aus dem Schatten einer anderen grossen Disziplin herauszulösen, die Statistik aus der Mathematik und die Andragogik aus der Pädagogik). So schreiben Rivellini und Zanarotti (2002: 2):

> "Therefore the categories of andragogy should replace those of pedagogy."

In dieser Arbeit soll der Ansatz, wie er z. B. von Moore (2002), Garfield (1997), Lovett (2000), Bessant (2002), Chance (2001) oder Cobb (2002) in der Reformbewegung für den Statistikunterricht dargelegt wurde, um den spezifischen Blickwinkel der Erwachsenenbildung erweitert werden. Wenn in der Debatte vielfach auf konstruktivistische Ansätze zurückgegriffen wird, fehlt doch der explizite Fokus darauf, dass es sich bei den Personen, die Statistik erlernen müssen, um Erwachsene handelt. Umso wichtiger scheint dieser Aspekt, als die Praxis zeigt, dass Personen verschiedenster Lebensphasen Statistik benötigen und deswegen auch verschiedene Altersgruppen zu unterscheiden sind. Interessanterweise fehlt dieser Aspekt fast gänzlich in der aktuellen Diskussion. Dies ist vermutlich darauf zurückzuführen, dass die Reformbewegung hauptsächlich aus den Hochschulen kommt, die Studierende aus dem Grundstudium auszubilden haben. Dennoch ist es bemerkenswert, dass man sich in der Diskussion um einen sinnvollen Statistikunterricht bereits früher Gedanken um den Themenkreis Weiter- bzw. Erwachsenenbildung machte. So schreibt das *Institute of Mathematical Statistics Committee on the Teaching of Statistics* 1948[7] unter dem Titel: *What should be done about adult education?:*

> "... There is an additional need that these do not meet, namely, the provision of training to mature research workers in various fields already established in their professions. This need arises in part from the inadequate teaching of statistics in the past, but even more from the extremely rapid advance in the theory and practice of statistics which have made it difficult for any but the specialist to keep abreast of developments." (The Annals of Mathematical Statistics 1948: 99)

Das Beispiel ist in der Weiterbildung anzusiedeln, zeigt jedoch treffend, wie zwischen Erwachsenenbildung und Aus- bzw. Schulbildung unterschieden wird.

---

7 Mitglieder dieses Komitees waren bekannte Persönlichkeiten wie Milton Friedman oder Edwards W. Deming.

4 Die Theorie der Erwachsenenbildung nach Knowles

Da es sich bei den Lernenden der Statistik in der Regel um Erwachsene handelt, muss herausgearbeitet werden, wie erwachsene Menschen lernen, was ihnen wichtig ist und was den Wissenserwerb begünstigt. Wie eingangs in Kap. 1 erwähnt, untersucht die vorliegende Arbeit die Hauptpostulate von Malcolm Knowles' Theorie zum Erwachsenenlernen. Knowles publizierte seine Theorie unter den Begriffen *Adult Learning* und Andragogik. *Adult Learning* kann gut als Erwachsenenbildung übersetzt werden, wohingegen Andragogik im deutschsprachigen Raum teilweise zu Verwirrung führen kann, da der Begriff anders konnotiert und wenig geläufig ist. In den USA, wo die Reformbewegung für den Statistikunterricht ihren Anfang nahm, werden vermehrt auf die Konzepte von Knowles Bezug genommen. Der Begriff *Andragogy* wird oft als Synonym zu *Adult Learning* verwendet und vorwiegend als Abgrenzung zur Pädagogik benutzt. So schreibt Pew (2007: 14):

> "Difficulty arises when pedagogical methods and practices are applied in whole or in part to situations that require andragogical dynamics. A misunderstanding or misapplication of these critical issues may result in situational, temporary, or unsustainable models of motivation that guide lifelong learners and perhaps undermine the entire process of student motivation."

Die Unterschiede der beiden Richtungen wurden von Knowles (1978) als dichotomes System dargestellt. Das führt dazu, dass viele Gemeinsamkeiten der Pädagogik und Andragogik von vornherein negiert werden. Das mag mit ein Grund sein, weswegen Knowles' Andragogik-Konzept im deutschen Sprachraum bislang hinter den Begriffen Erwachsenenbildung, Erwachsenenpädagogik oder Weiterbildung im Hintergrund wahrgenommen wird.

In dieser Arbeit wird jedoch der Standpunkt vertreten, dass die Erfahrungen an den Hochschulen zeigen, dass der Pädagogik ein Gegenkonzept im Sinne der Knowles'schen Andragogik entgegengestellt werden soll. Der Erwachsene wird zu oft schulisch entmündigt und es braucht eine wirkliche Auseinandersetzung zwischen der «alten und neuen Schule», wie es Moore (1997) charakterisiert. Natürlich tut dies auch die Erwachsenenbildung; hier besteht aber die Gefahr, dass diese zu sehr durch die reine Praxis vereinnahmt wird, im Sinne «von Praktiker für Praktiker», und der wissenschaftliche Aspekt droht vernachlässigt zu werden. Wenn genauer hingeschaut wird, wo und wer erwachsenbildnerische Ausbildungen anbietet, wird diese Vermutung nur bestätigt. So gibt es in der Schweiz kaum Möglichkeiten, eine universitäre Ausbildung in Erwachsenenbildung zu absolvieren. Auf der Seite der Berufsbildung gibt es andererseits viele Angebote, z. B. die SVEB-Ausbildung oder den Eidg. Fachausweis Erwachsenenbildner. Vornehmlich in der Bundesrepublik ist die Bezeichnung Erwachsenenpädagogik geläufig. Diese nimmt wohl auf akademischer Stufe den Trend zur Erwachsenenbildung wahr, kann sich aber rein terminologisch nicht vom spezifischen Unterricht für Kinder lösen. Ebenso wenig wird der Begriff der Erziehungswissenschaften den Erwachsenen gerecht. Müssen denn Erwachsene erzogen werden? Im Gegenteil, ein wichtiger Bestandteil des Erwachsenenlernens besteht darin, dass Erwachsene dies nicht ertragen und es Pflicht eines Erwachsenenbildners ist, auf die Eigenheiten der erwachsenen Menschen einzugehen. Dies selbstverständlich in den Grenzen eines geordneten Kursrahmens. Der gleiche Vorwurf der Entmündigung wird je nach Sichtweise aber auch der Andragogik vorgeworfen – dann, wenn Agogik als Erziehung verstanden wird; so schreibt Nühlen (2009: 39):

> «Zur Klarstellung sei gesagt, dass wir heute natürlich nicht mehr von einer Erziehungsbedürftigkeit des erwachsenen Menschen ausgehen. Im Erwachsenenalter bildet bzw. ‹erzieht› der Mensch sich selbst, indem er für sich etwas erkennt und ihn diese Erkenntnis zu einer Verhaltensänderung bewegt. Schon allein vom anthropologischen Selbstverständnis her, das den Erwachsenen als autonome Persönlichkeit deklariert, wäre die Begrifflichkeit der ‹Andragogik› im Kontext von Erziehung falsch.»

Aus der Sicht von Knowles ist es gerade umgekehrt; weil der erwachsene Lernende ein selbstbestimmendes Wesen ist, braucht es eine Begrifflichkeit, die eindeutig ist und die dem Umstand der Selbstbestimmung Rechnung trägt, das ist in seinen Augen Andragogik. Aber

Knowles assoziiert nicht Erziehung mit Andragogik, sondern Führung und Leitung (agein = führen).

Die Ansicht, die hier vertreten wird, steht aber auch im deutschsprachigen Raum nicht gänzlich isoliert; so meint Reischman (2008), dass Andragogik die Wissenschaft von der lebenslangen und lebensbreiten Bildung Erwachsener ist. Obwohl hier der andragogische Ansatz verteidigt wird, gibt es semantisch auch gegen den Begriff Andragogik Einwände, die nicht wegzudiskutieren sind, allen voran die Bedeutung des Begriffes als Männerführung, die unbestreitbar einen Gender-Bias aufweist. Deshalb wurden auch schon die Begriffe Anthropogogik oder Megagogik ins Feld geführt. Beide Begriffe sind aber noch weniger verbreitet und inhaltsgefüllt als Andragogik, weswegen sie keine wirklichen Alternativen darstellen.

Zusammenfassend kann gesagt werden, dass sich im deutschsprachigen Raum Andragogik bis heute nicht durchgesetzt hat. Diesem Umstand wird in dieser Arbeit Rechnung getragen, indem möglichst neutral der Begriff der Erwachsenenbildung oder teilweise gar Pädagogik (vorwiegend dort, wo es um allgemeine methodisch-didaktische Ansätze geht) benutzt wird. Dort, wo spezifisch auf die Thesen Knowles' eingegangen wird, ist Andragogik aus Gründen der besseren Verständlichkeit aber unvermeidlich[8], weil Knowles seine Theorie explizit als *Andragogy* bezeichnet.

4.1 Das Modell

Das Fundament der Andragogik nach Knowles wurde in den 1970er Jahren gelegt, Andragogik wurde von Knowles (1980: 43) als «die Kunst und Wissenschaft, Erwachsenen lernen zu helfen» definiert. Untermauert wird diese Definition vom Axiom, dass sich Erwachsene und Kinder bezüglich ihres Lernverhaltens fundamental unterscheiden. Somit grenzt sich sein Modell stark von dem ab, was er unter Pädagogik versteht.

---

8 Die dt. Übersetzer von Knowles verwenden parallel dazu den Begriff der Erwachsenenpädagogik.

4.1.1 Pädagogik

Pädagogik im Verständnis von Knowles bedeutet, dass der Lehrperson die volle Verantwortung darüber übertragen wird, was, wo, wie und dass gelernt wird. Die Lehrperson trägt die Entscheidungen und der Schüler hat gänzlich den Anweisungen des Lehrers zu folgen. Dieses Modell basiert auf folgenden Annahmen über den Lernenden (Knowles 2005: 62)[9]:

1. *Bedürfnis zu wissen:* Lernende brauchen nur zu wissen, dass sie lernen müssen, was der Lehrer sie lehrt, wenn sie Prüfungen bestehen und versetzt werden wollen. Sie brauchen nicht zu wissen, wie sie das, was sie lernen, auf ihr Leben anwenden.

2. *Selbstkonzept der Lernenden:* Das Bild der Lehrenden vom Lernenden ist das einer abhängigen Persönlichkeit. Diese Vorstellung übernimmt der Lernende nach und nach als Selbstkonzept.

3. *Die Rolle der Erfahrung:* Die Erfahrung des Lernenden ist als Lernressource wenig wert. Die Erfahrung, die hauptsächlich zählt, ist die des Lehrers, des Schulbuchverfassers und des Herstellers audiovisueller Hilfsmittel. Daher bilden Vermittlungstechniken (z. B. Frontalunterricht, Leseaufgaben etc.) das Rückgrat der pädagogischen Methodologie.

4. *Bereitschaft zu lernen:* Die Lernenden sind bereit, das zu lernen, was der Lehrer ihnen zu lernen aufträgt, damit sie die Prüfungen bestehen können und weiterkommen.

5. *Lernorientierung:* Die Lernenden besitzen eine inhaltzentrierte Lernorientierung. Sie betrachten Lernen als Erwerb fachgebundener Inhalte. Daher werden Lerner-

9 Nach der dt. Übersetzung von Reinhold S. Jäger.

fahrungen gemäss der Logik fachgebundener Inhalte organisiert.

6. *Motivation:* Die Lernenden werden durch externe Motivationsfaktoren zum Lernen animiert (z. B. durch Noten, Zustimmung oder Ablehnung von Seiten des Lehrers oder durch elterlichen Druck).

4.1.2 Reifegrad der Lernenden

Mit zunehmendem Alter nehmen das Bedürfnis und die Fähigkeit zu, selbst zu bestimmen. Lernziele werden nach Interessen und Bedürfnis individuell gesteckt und auch die eigene Persönlichkeit festigt sich. Letztere kann sich auf Spannungen mit einem pädagogisch ausgerichteten Unterricht auswirken, da der Wunsch nach Eigenbestimmung auf den Gegensatz der Fremdbestimmung trifft. Je ausgeprägter die Persönlichkeit und Identität der Lernenden ist, desto eher wird es gar zu offenen Konflikten im Unterricht kommen. Bei kommerziellen Angeboten ist dies besonders einschneidend, da die Lernenden ja zahlende Kunden sind, auf die die Institution angewiesen ist. Durch den erhöhten Wettbewerb in der Schweizer Hochschullandschaft sind diese Konsequenzen möglicherweise in Zukunft auch in der akademischen Ausbildung ein Thema.

Schaut man sich Abbildung 2 an, so werden zwei Kurven unterschieden, nämlich eine biologische und eine kulturelle. Die biologische Wachstumsgeschwindigkeit verläuft einiges schneller als die kulturelle.

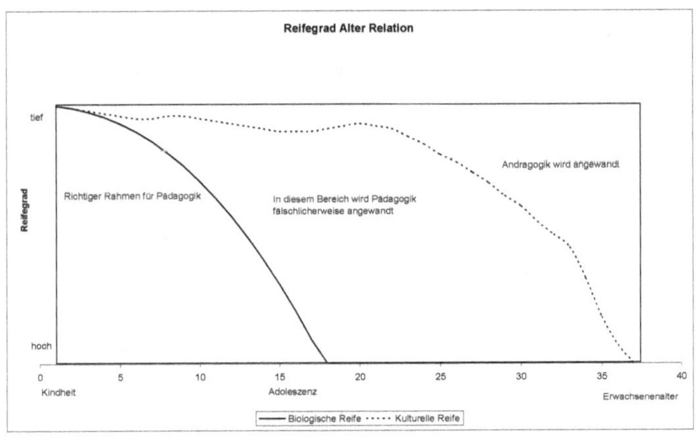

Abbildung 2: Reifegrad nach Knowles (2005: 63).

Knowles differenziert hier zwischen drei Ebenen, die er aus der beobachteten Praxis ableitet:

1. Pädagogik wird reifegerecht eingesetzt.
2. Pädagogik wird gemäss der Reife ungerechtfertigt eingesetzt.
3. Andragogik wird reifegerecht eingesetzt.

Die Darstellung zeigt, dass dort, wo kulturell weniger Reife verlangt wird, mit pädagogischen Mitteln unterrichtet wird.

Betrachtet man die kulturell zugestandene Wachstumskurve, so fällt auf, dass bis Mitte zwanzig ein hoher Abhängigkeitsgrad ausgewiesen wird. Dies widerspricht im Grunde der Aussage, dass Studierende der Reife nach erwachsene Lernende sind. In der empirischen Überprüfung des Modells wird in der vorliegenden Arbeit ein spezielles Augenmerk auf diesen Faktor gelegt. Die Erfahrung an den Hochschulen mit dem Statistikunterricht zeigt nämlich auch, dass der selbstgesteuerte Unterricht von den Studierenden nicht immer geschätzt wird. Eine mögliche Hypothese könnte sein, dass aus kulturellen Gründen die Studierenden noch nicht eigenständig genug sind und auch ihre Persönlichkeit noch nicht ganz gefestigt ist. Ob dieser kulturelle Effekt erwünscht oder bloss ein zufälliges Produkt ist, sei dahingestellt. In der Andragogik von Knowles wird diesem kulturellen Backlog eher negativ unterstellt, dass die Gesellschaft bei den jungen Menschen nicht die wichtigen Fähigkeiten fördert, die für den selbstgesteuerten Lernprozess nötig wären. Da gleichzeitig aber biologisch das Bedürfnis nach Selbststeuerung zunimmt, kommt es zu einer Spannung zwischen dem Bedürfnis nach Selbststeuerung und der Befähigung dazu. Ausdruck dieser Tension können Widerstand, Lernblockaden oder ähnliches sein. Ganz ähnlich sieht dies auch Strittmatter-Haubold (2003: 240) wenn sie meint:

> «In einem solchen Raum, in dem ihnen [den Studierenden] Lernen ermöglicht wird, werden sie veranlasst, sich von ihrer lange ansozialisierten Rolle als passive Rezipienten von Wissen zu verabschieden und ihren Lernprozess aktiv mit zu gestalten.»

4.1.3 Aspekte einer erwachsenen Person

Bereits aus der Grafik des Reifegrades (Abbildung 2) wird ersichtlich, dass es verschiedene Aspekte gibt, welche eine erwachsene Person definieren; es gibt eine biologische Schwelle, eine kulturelle, eine rechtliche und eine psychologische. Wenn es um das Lernen geht, ist die psychologische Definition die wichtigste, weil wir psychologisch dann erwachsen sind, wenn wir ein ausgereiftes Selbstkonzept und damit verbunden einen hohen Grad an Selbststeuerung aufweisen. Allmählich löst sich der adoleszente Mensch von seinen Eltern und lebt nach seinen eigenen Konzepten und Vorstellungen.

4.1.4 Das andragogische Modell

Bevor im Detail auf die einzelnen Punkte eingegangen wird, sollen hier die Hauptpostulate von Knowles dargestellt werden, da diese den Kern der empirischen Untersuchung und Überprüfung ausmachen. In Kapitel sechs werden diese Postulate aufgegriffen und daraus die Hypothesen abgeleitet.

Die Andragogik, wie es Knowles (1998, S. 4) formuliert, konzentriert sich auf die folgenden sechs Hauptaussagen:

1. **Die Lernenden müssen wissen, warum sie lernen**

- Warum
- Was
- Wie

2. **Selbstkonzept (Self-Concept) des Lernenden**
   - Autonom
   - Selbstgesteuert

3. **Die Erfahrung des Lernenden**
   - Ressourcen
   - Mentale Konzepte/Modelle

4. **Bereitschaft zu lernen**
   - Lebensbezogen
   - Entwicklungsmöglichkeiten

5. **Ausrichtung des Lernens**
   - Problemorientiert
   - Kontextbezogen

6. **Motivation zum Lernen**
   - Intrinsische Werte
   - Persönlicher Erfolg

Wenn man diese kurze Zusammenstellung mit den Aussagen betreffend Pädagogik vergleicht, sieht man, wie Knowles hier einen für ihn zentralen Spannungsbogen öffnet. Dieser passt dann auch sehr gut zum Statistikunterricht; so sagt Garfield (1997: 138) über den Ist-Zustand des Unterrichts:

> "Despite the quality of the available materials and resources and the enthusiasm of education reformers, most statistics courses

> taught in institutions of higher education have changed very little. What hasn't seemed to change in many of these courses are:
>
> *Teaching methods:* In many institutions students sit passively in classes while a professor lectures to them using an overhead projector or blackboard to write out formulas and work out problems."

Zur «neuen Pädagogik» meint er (1997: 139), dass diese das Ziel habe, die Studierenden zu ermutigen, ein eigenes Verständnis zu entwickeln, was Statistik ist, statt zu kopieren und die Ansichten der Lehrkraft wiederzugeben.

Rivellini und Zanarotti (2003: 3) stellen gemäss Knowels die Abgrenzung der alten und neuen Schule oder – in den Worten Knowels – Pädagogik und Andragogik so zusammen:

Betrifft	Pädagogik	Andragogik
Konzept des Lernenden	Abhängig vom Lehrer	Autonom und selbstgesteuert
Gewichtung der Erfahrung des Lernenden	Keines oder wenig	Erfahrung ist eine wichtige Ressource
Bereitschaft zu lernen	Hoch und ohne Grenzen	Ist auf Bedürfnisse ausgerichtet und soll reale Probleme lösen helfen
Ausrichtung des Lernens	Themenorientiert und erst später im Leben nützlich	Problemorientiert und unmittelbar nützlich

Tabelle 3: ***Hauptunterschiede zwischen Pädagogik und Adragogik nach Knowles.***

4.1.5 Bedürfnis nach Wissen

Es geht hier darum, den Grund für das Lernen zu erkennen. Erwachsene wollen mit einer Aus- oder Weiterbildung ein bestimmtes Ziel erreichen. Deshalb ist es für sie wichtig zu erkennen, warum gewisse

Inhalte eines Kurses gelernt werden müssen und wie sie sich mit dem von ihnen anvisierten Ziel vereinbaren lassen. Demnach lautet eines der Ziele in der Erwachsenenbildung, dass die erste Aufgabe beim Unterstützen lernender Erwachsener darin besteht, dem Lernenden das «Bedürfnis nach Wissen» bewusst zu machen (Knowles 2005: 65).

Im Rahmen des Statistikunterrichts hiesse dies: Wenn der Statistikunterricht bloss Pflichtstoff ist, dann lernen die Studierenden, weil sie müssen, sie wissen aber nicht, warum sie dies tun sollen. Deshalb soll ein grosses Gewicht auf den praktischen Nutzen und Einsatz des Stoffes verwendet werden. Hier scheint es wichtig, dem Umstand Rechnung zu tragen, dass je nach Studienrichtung die praktische Ausrichtung anders ist. Es macht wenig Sinn, Geisteswissenschaftlern zu zeigen, dass Statistik für die Qualitätskontrolle in der industriellen Fertigung angewandt wird oder beim Abfüllen von Lebensmitteln. Hier sollte möglichst auf den spezifischen Kontext der Studierenden eingegangen werden. Schwieriger wird es, wenn der Kurs fakultätsübergreifend angeboten wird und die Studierenden aus verschiedenen Fachrichtungen kommen. Ausschlaggebend ist aber nicht nur die Kursausrichtung, sondern auch das Aufzeigen, wo wir alle im Alltagsleben mit Statistik konfrontiert werden.

4.1.6 Das Selbstkonzept des Lernenden

Das Selbstkonzept der Erwachsenen unterscheidet sich sehr stark von demjenigen von Kindern und Jugendlichen. Es geht dabei darum, wie Personen die Verantwortlichkeit für eigenes Handeln und eigene Entscheidungen wahrnehmen. Mit zunehmender Reife wird auch das Selbstkonzept gestärkt und Menschen entwi-ckeln ein tiefes psychisches Bedürfnis, von andern als Person behandelt zu werden, die zur Selbststeuerung und selbständigem Handeln fähig ist. In der Realität ist aber auch zu beobachten, dass Erwachsene, kaum nehmen sie an einem Kurs teil, in die alte Schulrolle zurückfallen. Dieser Umstand kann sich in der Erwachsenenbildung als ernsthaftes Problem erweisen, Knowles (2005: 65) meint dazu:

> "The minute adults walk into an activity labeled 'education', 'training', or anything synonymous, they hark back to their con-

ditioning in their previous school experience, put on their dunce hats of dependency, fold their arms, sit back, and say 'teach me'. "

Da Erwachsene aber dennoch ein Selbstkonzept haben, welches den Ansatz nach selbstgesteuertem Lernen verlangen würde, können hier Spannungen entstehen. Auch wenn der erwachsene Lernende passiv wirkt, wird er in vielen Fällen die Andockung an seine Praxis und Realität suchen und dort wird er dann vermutlich einen Unterrichtsansatz wünschen, der ihn als Erwachsenen ernst nimmt.

Dieses Dilemma kann verschiedene Konsequenzen von unterschiedlicher Tragweite haben. Die typische Methode, mit einem psychischen Konflikt umzugehen, ist der Versuch, aus der Konfliktsituation zu fliehen. Hierdurch lässt sich zumindest teilweise wohl auch die hohe Abbruchquote in vielen Bereichen der freiwilligen Weiterbildung erklären (Knowles 2005: 65).

Damit Lernende aber auch autonom, selbstgesteuert arbeiten können, muss das Setting im Unterricht stimmen. Dies bedarf mehr als nur der Bereitstellung von Aufgaben. Die Lehrkräfte müssen auch loslassen können. Wichtig scheint uns in diesem Fall das Kennen des Prinzips der Kodependenz. Kodependenz ist nach Pew (2007: 21):

> "a condition that results in a dysfunctional relationship between the codependent and other people. A codependent is addicted to helping someone and needs to be needed. This addiction is sometimes so strong, the codependent will cause the other person to continue to be needy ..."

Selbstverantwortung kann demzufolge nur funktionieren, wenn die Lehrkraft auch Hand dazu bietet. Es wäre also verkehrt, einfach nur von den Studierenden etwas zu erwarten, wenn nicht auch entsprechend der Boden dafür vorbereitet ist.

4.1.7 Die Erfahrung der Lernenden

Erwachsene bringen, wenn sie lernen, einen beträchtlichen Erfahrungsschatz mit. Da Erwachsene häufig sehr zielgerichtet etwas lernen wollen, ist davon auszugehen, dass sie in diesen Gebieten bereits Kenntnisse besitzen, die sie vertiefen möchten. Dies ist grundsätzlich eine sehr positive Ressource, die es zu nutzen gilt; damit verbunden ist aber auch die Tatsache, dass die vorhandenen Erfahrungen zu einem Hindernis werden. Nämlich dann, wenn die Lernenden gemachte Erfahrungen nicht reflektieren können oder neue Dynamiken nicht in ihre Erfahrungswelt einbauen oder dort andocken können. Mentale Gewohnheiten, Vorurteile oder Denkweisen können verhindern, dass sich erwachsene Lernende neuen Ideen öffnen.

Wenn eine Gruppe von Erwachsenen in einem Kurs zusammentrifft, kann mit hoher Wahrscheinlichkeit davon ausgegangen werden, dass es eine ernsthafte Heterogenität an Vorwissen und Erfahrungen gibt. Die positive Variante davon ist, dass die Teilnehmer voneinander profitieren können. Da das Erwachsenenlernen in der Regel einen hohen Praxisbezug aufweist, liegt hier ein wesentliches Potenzial, dass von Seiten anderer Teilnehmer eines Kurses erwünschtes Wissen mit einfliesst. Negativ betrachtet ist aber bei zu unterschiedlichen Hintergründen der Teilnehmer das Feld zu heterogen, und es wird schwierig zu erreichen, dass alle den richtigen Weg gehen können. Die Praxis der einen mag für die andern völlig uninteressant sein. Oder jemand ist besonders spezialisiert in einem Gebiet und langweilt damit andere, die diese Spezialisierung nicht verstehen können und – wichtiger – diese nicht benötigen.

Es ist zu berücksichtigen, dass die Studierenden gewisse Erfahrungen nicht haben, dies erfordert von der Lehrperson ein gutes Einfühlungsvermögen und Flexibilität, da situativ verschiedene Erfahrungen in einer Gruppe vorhanden sein können. Knowles weist ebenfalls darauf hin, dass die Erfahrungen der Lernenden auch potenziell negativ sein können. Mit zunehmendem Alter neigt der Mensch dazu, Gewohnheiten, Widersprüche und Annahmen zu entwickeln, die ihn von neuen Ideen und Wegen abhalten können. Dementsprechend ist es Aufgabe der Lehrperson, auf solche Gewohnheiten, Widersprüche und Annahmen einzugehen und diese gegebenenfalls zu thematisieren.

Ein weiterer wichtiger Faktor, der den Einbezug der Lernerfahrung so wichtig macht, hat mit der Selbstidentität der Lernenden zu tun. So meint Knowels:

"As they [children] mature, they increasingly define themselves in terms of the experiences the have had. To children, experience is something that happens to them; to adults experience is who they are. The implication of this fact for adult education is that in any situation in which the participants' experiences are ignored or devalued, adults will perceive this as rejecting not only their experience, but rejecting themselves as persons" (2005, S. 66–67).

4.1.8 Bereitschaft zu lernen

Readiness to learn wird oft missverstanden und meint, dass es nur dann sinnvoll ist, einen bestimmten Stoff zu lernen, wenn Zeitpunkt und der erkennbare Nutzen des Lernens zusammenfliessen. Statistikunterricht ist ein gutes Beispiel dafür. In der Regel findet der Unterricht im Grundstudium statt und wird dort abgeschlossen. Daran anschliessend kommt eine Phase, wo die Statistikkenntnisse nicht mehr verlangt werden. Am Schluss des Studiums werden wieder Statistikkenntnisse für die Master- oder Doktorarbeit benötigt. Zwischenzeitlich sitzt aber der Stoff nicht mehr oder ist gänzlich vergessen und die Studierenden können ihre Arbeit nur unzureichend bewältigen. Hier würde *readiness to learn* bedeuten, dass die Studierenden kurz oder während des Schreibens der Masterarbeit eine ausgeprägte resp. gute Bereitschaft zu lernen hätten, weil sie in diesem Moment innerlich motiviert sind und den Nutzen des Lernens erkennen können.

Es ist aber nicht nötig zu warten, bis die Lernbereitschaft vorhanden ist, was sicherlich auch sehr schwierig wäre. Die Bereitschaft, etwas zu lernen steigt, wenn damit etwas Konkretes erreicht werden kann. Wenn das Wissen nur theoretischer Natur ist, wird die Motivation, sich dieses anzueignen, eher gering sein. Die klassische Frage, die hier im Raum liegt, lautet: «Wofür brauche ich das?». Für den Statistikunterricht im Grundstudium könnte dies nahe legen, was schon vorher postuliert wurde: praxisnahe Beispiele und wenn möglich auch positive Aussichten in die Berufspraxis, die das neue Wissen mit sich bringt, beleuchten.

4.1.9 Die Lernorientierung

Die Ausrichtung oder Orientierung des Lernens ist für die Erwachsenen lebenszentriert, im Unterschied zu Kindern und Jugendlichen, die den Stoff meist inhaltsorientiert lernen. Erwachsene sind in dem Masse zum Lernen motiviert, als sie darin eine Hilfe für die Ausführung ihrer Aufgaben und die Bewältigung von Problemen sehen, denen sie sich in ihren Lebenssituationen stellen müssen (Knowles, 2005: 66).

Im Kontext des Statistikunterrichts gibt es traditionell die Einführung über die Wahrscheinlichkeitsrechnung. Hier liegt der Fokus auf der Mathematik und dem Verständnis teilweise komplexer Formeln. Einer der wichtigsten Werte in der Statistik ist die Irrtumswahrscheinlichkeit p. Dahinter steht das Konzept, dass man sagen kann, mit wie grosser Wahrscheinlichkeit ein Ereignis eintrifft. Für das Verständnis verschiedener statistischer Outputs genügt aber ein allgemeines Verstehen von p und es besteht nicht unbedingt die Notwendigkeit, dass p mathematisch hergeleitet werden kann. Mit Simulationen und Grafiken kann ohne Formeln gezeigt werden, was ein hoher resp. ein tiefer p-Wert bedeutet. Für Lernende, die ein konkretes Problem lösen wollen, besteht die erste Hürde darin, das Problem überhaupt zu erfassen und einzuordnen. Dies ist auch in der Statistik so und dafür benötigt man übergeordnete Konzepte, v. a. in einem Einführungskurs. Es ist also wichtig, aufzuzeigen, wo die groben Linien liegen und wie sie gelöst werden. In unserem Fall spielt dann p nur eine untergeordnete Rolle. Der Fokus liegt auf der Lösung des Falles und dem Verstehen der Lösung; einzelne Teile wie p können aber als gegeben betrachtet werden und allenfalls in einer Vertiefung genauer untersucht werden. Moore (1997: 127) hat zu diesem Vorgehen eine klare Haltung:

> "A student who emerges from a first statistics course without an appreciation of the distinction between observation and experiment and of the importance of randomized comparative experiments, for example, has been cheated. Those specific examples are instructive, for they point to core statistical ideas that are not mathematical in nature".

Der unterrichtete Stoff muss der Lebenssituation angepasst werden, damit der Erwerb von neuen Fähigkeiten der Problembewältigung der Lernenden dient.

4.1.10 Motivation zum Lernen

Dies ist vermutlich der schwierigste Punkt in der ganzen Diskussion, Knowles (2005: 68) meint dazu:

> "Adults are responsive to some external motivators (better jobs, promotions, higher salaries, and the like), but the most potent motivators are internal pressures (the desire for increased job satisfaction, self-esteem, quality of life, and the like)."

Hier stellt sich die Frage, ob Studierende wirklich in diese Kategorie passen. Denn der Hauptmotivator ist das Studium für sich, und die Motivation für einzelne Teile davon kann von der Hauptmotivation für das Studium beträchtlich abweichen. Es ist also eher eine Idealforderung, bei Statistikkursen von der intrinsischen Motivation auszugehen. Jemand, der sich für Psychologie interessiert, ist vermutlich hoch motiviert für die Psychologie; dass dies auch für die Statistik als Bestandteil des Studiums zutrifft, ist mehr als fraglich. Wirft das aber nicht das ganze System der Betrachtung des Studierenden als Erwachsenen über den Haufen? Pew meint (2007: 18):

> "One of the primary tenants of andragogy is that learning is pursued for its intrinsic value."

Es ist verständlich, dass nur die wenigsten Studierenden anfänglich aus eigener Motivation für die Statistik einen Kurs besuchen. Da aber ebenfalls ein wichtiges Element der Erwachsenenbildung das Lernen für die Praxis ist, kann doch die Motivation – gerade wenn sie nicht von Anfang an besteht – mit einem interessanten Unterricht geweckt und gefördert werden. Damit ist nicht die externe Motivation gemeint, die etwa auf dem Belohnungsprinzip beruht, sondern ein Unterricht, der als Resultat die Studierenden bewegt und etwas weckt, was vorher nicht da war. Somit wird während des Unterrichts etwas aufgebaut, nämlich die Motivation von innen. Ist dies einmal erreicht, kann das wiederum den Unterricht positiv beeinflussen. Vielleicht liegt die unmotivierte Haltung in kritischen Fächern wie Statistik gerade am falschen Unterrichtsstil. Um nochmals Pew (2007: 20) zu zitieren:

> "... how, then, might we approach student motivation in higher education, assuming that student motivation comes from the students themselves? Simply we must create learning environments that let students draw on the internal resources that brought them to college in first place. As instructors, we must focus our attention on creating an environment where students can gain knowledge and skills in critical thinking and problem solving in their chosen areas of learning."

4.1.11 Zusammenfassung

Eine Theorie über das Erwachsenenlernen ist sicherlich nicht durch ein alleiniges Modell zu bewerkstelligen. Bei Knowles liegt der Schwerpunkt auf dem «Wie» des Erwachsenlernens und gleichzeitig auf der Gegenüberstellung von Kindern und Jugendlichen auf der einen Seite und Erwachsenen auf der anderen, was sich in seiner Literatur oft im Gegensatz von Pädagogik und Andragogik zeigt. Allerdings sind die Grenzen zwischen den zwei Welten fliessend, so profitiert die Andragogik von der Pädagogik und die Pädagogik hat viele Impulse aus dem Erwachsenenlernen übernommen. Viele Schüler lernen besser, wenn der Unterricht selbstgesteuert organisiert ist. Umgekehrt zeigt sich im Erwachsenenunterricht, dass das andragogische Modell nicht überall funktioniert (Knowles 2005: 63).

In der vorliegenden Arbeit soll dieser letzte Punkt untersucht werden: Wo finden die Prinzipien von Knowles' Modell Anklang und wo allenfalls nicht. Dabei werden alle sechs hier vorgestellten Postulate darauf geprüft, ob Erwachsene im Statistikunterricht darin einen Mehrwert sehen.

5 Empirische Untersuchung zu Statistikunterricht und Andragogik

5.1 Operationale Definition und Datenerhebung

Der ganzen Untersuchung liegt ein deduktiver Ansatz zugrunde, und die Basis der Fragen sind die Hauptthesen von Knowles' Theorie über das Erwachsenenlernen. Diese wurden anhand eines Schemas operationalisiert, welches sechs Hypothesen aufweist mit jeweils einem Fragenkatalog:

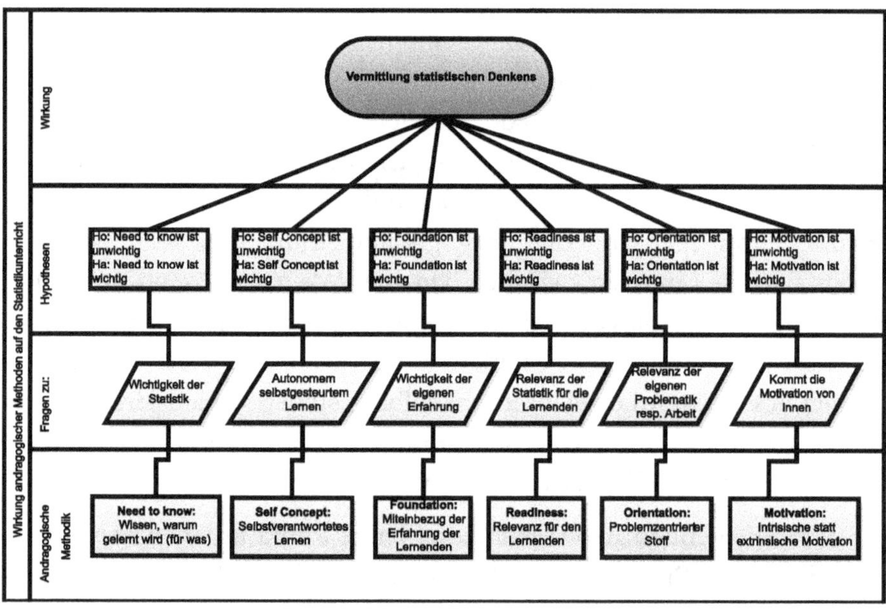

Abbildung 3: Operationale Definition.

Der Fragebogen setzte sich aus sechs Kernfragen zu den Postulaten der Theorie mit je drei bis sechs Items zusammen. Zusätzlich wurde das Geschlecht, die Fakultätszugehörigkeit, das Alter und berufstätig versus studierend abgefragt. Die Items der sechs Fragen zur Theorie wurden in einer Likert-Skala mit den Ausprägungen «nicht zutreffend» bis «sehr zutreffend» über zehn Stufen abgefragt. Es wurde bewusst eine gerade Anzahl von Antwortmöglichkeiten gewählt. Damit wurde vermieden, dass sich die Befragten neutral äussern konnten. Dies war in diesem Fall wichtig, weil die Postulate bestätigt resp. verworfen werden sollten. Eine neutrale Aussage zur Theorie wäre nicht hilfreich gewesen.

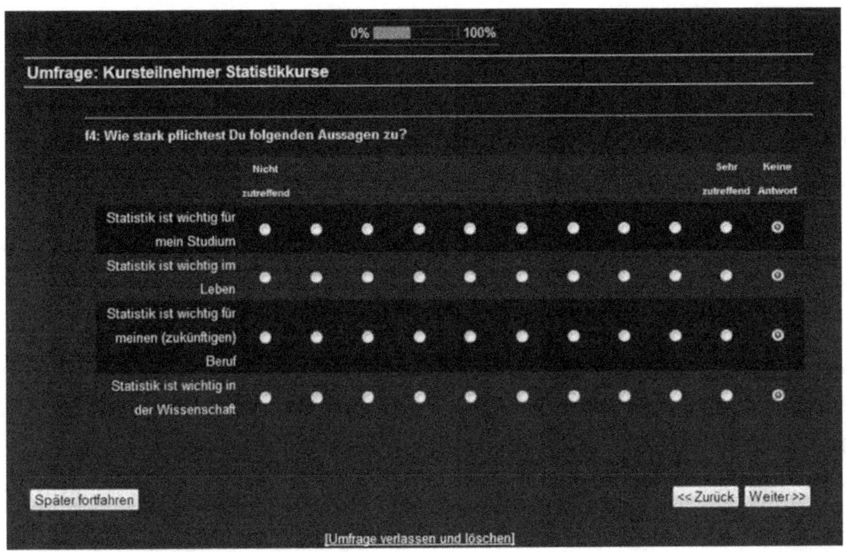

Abbildung 4: Beispielfrage.

Die Datenerhebung fand in der Zeitspanne vom 6. Juni bis 28. Juli 2010 statt. Als Werkzeug kam die Applikation «LimeSurvey» (Version 1.71) zum Einsatz, welche auf einem Server der Universität Zürich betrieben wird. «LimeSurvey» erlaubt das Erstellen und Durchführen von Online-Umfragen im Internet. 127 Personen wurden mittels E-Mails zur Teilnahme eingeladen. Nach einem ersten Rücklauf von 49 vollständig ausgefüllten Bogen gingen durch ein Nachhaken nochmals siebzehn komplette Fragebogen ein, sodass insgesamt 66 komplett ausgefüllte Fragebogen zurückkamen, dies entspricht einer guten Rücklaufquote von 52%. Von den 127 angeschriebenen Personen waren zum Zeitpunkt der Anfrage ungefähr 10% nicht mehr an der Universität und somit erhielten effektiv nur etwa 115 Personen die Anfrage, dazu kommen die 10% nicht komplett ausgefüllten Bogen. So gesehen liegt die Rücklaufquote noch höher, nämlich bei 66%.

5.2 Auswahl der Umfrageteilnehmer

Die angefragten Personen sind ehemalige Kursteilnehmer eines Crashkurses in Statistik, der vom Autor selber durchgeführt wurde. Allen gemeinsam ist die Zugehörigkeit zur Universität Zürich. Dabei handelt es sich entweder um Studierende oder Mitarbeitende. Die Studierenden stehen oft vor einer studentischen Arbeit wie der Bachelor- oder Masterarbeit. Die Mitarbeitenden sind in der Regel in der Forschung tätig und benötigen die Statistikkenntnisse dort oder für eine Dissertation. Die Altersspanne ist jeweils breit, in der Untersuchung liegt sie bei 22 bis 52 Jahren.

5.3 Kritische Würdigung der Daten

Grundsätzlich dürfen die Voraussetzungen für die erhobenen Daten als ideal eingeschätzt werden. Die Befragten sind alles Erwachsene und alle wollen oder müssen Statistik erlernen. Die Untersuchung zielt genau auf diese Gruppe ab und es kann deshalb von einer guten Reliabilität der Daten ausgegangen werden. Verzerrungen lassen sich aber auch hier nicht vermeiden, so gibt es die Unbekannte derjenigen Angeschriebenen, die nicht geantwortet haben und den «Technologie-Bias». Hätte die Studie anders ausgesehen, wenn der Fragebogen auch auf Papier angeboten worden wäre? Dies sind Einschränkungen, die es bei den Resultaten zu berücksichtigen gilt.

Was die Validität betrifft, so sind die Fragen sehr sorgfältig gemäss der operationalen Definition erstellt worden, alle im Hinblick auf die Postulate Knowles'. Eine Garantie dafür, dass die Daten wirklich messen können, wie die befragten Personen lernen, ist es natürlich nicht. Es wurde aber darauf geachtet, dass die einzelnen Postulate jeweils mit mehr als einer Frage überprüft wurden. Abweichungen wurden untersucht und wo nötig kommentiert, sodass auch hier eine genügend hohe Validität angenommen werden darf.

5.4 Methodik

Das gesamte Forschungsdesign basiert darauf, dass pro zu überprüfende Frage eine Nullhypothese gestellt wird. Aus dem Schema aus Abbildung 3 sind alle sechs vorgestellt:

1. Need to know ist unwichtig
2. Self concept ist unwichtig
3. Foundation ist unwichtig
4. Readiness ist unwichtig
5. Orientation ist unwichtig
6. Motivation ist unwichtig

Ziel des statistischen Tests ist es, die Nullhypothesen zugunsten der Alternativhypothesen zu verwerfen.

1. Need to know ist wichtig
2. Self concept ist wichtig
3. Foundation ist wichtig
4. Readiness ist wichtig
5. Orientation ist wichtig
6. Motivation ist wichtig

Mit dem Fragebogen wurden zu jedem Hypothesenpaar Daten erhoben, die zwischen eins und zehn liegen. Zehn heisst jeweils, dass die Akzeptanz der Alternativhypothese maximal ist. Die angewandte Methode geht davon aus, dass Werte kleiner gleich fünf für eine Beibehaltung der Nullhypothese sprechen.

Zeigt die erhobene Stichprobe für ein Postulat einen Mittelwert grösser fünf, zeigt dies, dass die Befragten dem Postulat eine Wichtigkeit zumessen. Die Frage, ob der gemessene Unterschied auch signifikant ist, wurde mit einem t-Test geklärt. Dieser verglich die erhobenen Werte jeweils mit dem hypothetischen Mittel von fünf.

Da die Alternativhypothesen die eigentlichen Hypothesen in dieser Arbeit sind, soll hier dargestellt werden, wie sie effektiv in der Arbeit verwendet werden:

> **Hypothese 1:** Die Erwachsenen wollen wissen, dass Statistik wichtig ist.
>
> **Hypothese 2:** Die Lernenden möchten im Statistikunterricht selbstgesteuert und autonom arbeiten.
>
> **Hypothese 3:** Für die Lernenden ist es wichtig, eigene Erfahrungen in den Statistikunterricht einzubringen.
>
> **Hypothese 4:** Statistik weist für die Kursteilnehmer eine aktuelle Relevanz auf.
>
> **Hypothese 5:** Die problemorientierte Ausrichtung des Statistikunterrichts ist wichtig.
>
> **Hypothese 6:** Beim Statistikunterricht sind die Studierenden intrinsisch motiviert.

Neben diesen sechs Hypothesen wurde eine siebte Hypothese aufgestellt, welche eine Wirkung des Alters vermutet:

Basis ist auch hier eine Nullhypothese: Es gibt keinen Zusammenhang zwischen Lebensalter und Wichtigkeit der Postulate. Die entsprechende Alternativhypothese hierzu lautet dann:

> **Hypothese 7:** Je älter eine Person, desto wichtiger sind ihr die Postulate von Knowles.

Für diese Hypothese wurde eine einfache Korrelationsanalyse verwendet, um den Grad des Zusammenhanges zu messen.

Die oben aufgeführten Hypothesen und die dazugehörigen Tests bilden das methodische Kerngerüst. Wenn es die Analyse erforderte, wurden zusätzliche Methoden angewandt, welche direkt bei den Resultaten kommentiert werden.

6 Die Modellüberprüfung

Für die Überprüfung des Modells sollen zwei Dimensionen unterschieden werden. Nämlich die Dimension Wichtigkeit und die Dimension Reife. Die erste beschreibt die Wichtigkeit der einzelnen Postulate, die zweite beinhaltet einen Zeitfaktor. Hier wird überprüft, ob mit zunehmendem Alter (Reife) die Wichtigkeit der einzelnen Postulate zunimmt. Hintergedanke dabei ist, dass der Prozess des Erwachsenwerdens kontinuierlich abläuft und dass bei den befragten Personen mit einer Altersspanne von 22 bis 52 Jahren ein solcher Verlauf, falls vorhanden, gut aufgezeigt werden könnte. Es müsste demnach aufzuzeigen sein, dass die Wichtigkeit der Postulate mit steigender Reife zunimmt.

6.1 Ableitung der Einzel-Hypothesen

6.1.1 Dimension Wichtigkeit der Postulate

Für jedes der Postulate wurde ein Fragenkatalog zusammengestellt, der dazu dient, die Hypothesen zur Wichtigkeit der einzelnen Punkte zu ermitteln. Aus den Einzelfragen wurde immer ein Gesamtindex für die spezifischen Postulate von Knowles erstellt. Diesen Indexvariablen kommt für die Auswertung eine Schlüsselrolle zu, denn sie werden stellvertretend für die Postulate zur Überprüfung der Hypothesen verwendet.

6.1.1.1 Bedürfnis nach Wissen

Nach der Theorie möchten Erwachsene wissen, warum sie etwas lernen und wofür sie lernen. Die hier gestellte Hypothese wird wie folgt abgefasst:

Hypothese 1: Die Erwachsenen wollen wissen, dass Statistik wichtig ist.

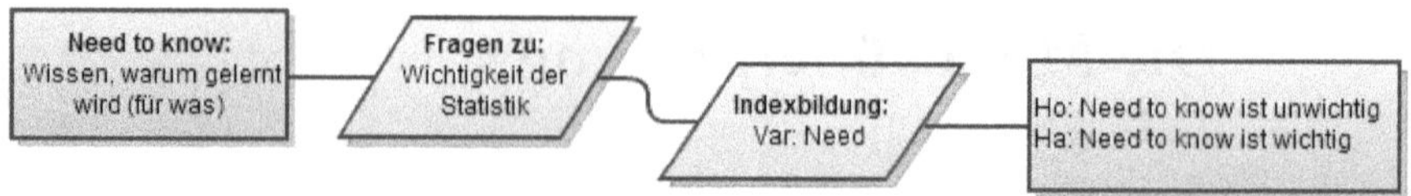

Abbildung 5: Hypothese 1.

Die einzelnen Items in diesem Block lauteten:

- Statistik ist wichtig für mein Studium
- Statistik ist wichtig im Leben
- Statistik ist wichtig für meinen (zukünftigen) Beruf
- Statistik ist wichtig in der Wissenschaft

In diesem Block geht es darum zu erkennen, ob ein Bedürfnis nach Statistikwissen vorhanden ist und warum, z. B. dass Statistik in Studium und Beruf benötigt wird. Erweisen sich diese vier Items als signifikant wichtig, so kann davon ausgegangen werden, dass Erwachsene wissen wollen, dass Statistik wichtig ist.

Die Variable für den Gesamtindex erstellt sich aus dem Mittelwert der vier Fragen und heisst *Need.*

6.1.1.2 Das Selbstkonzept des Lernenden

Die Theorie über das Selbstkonzept besagt, dass die Lernenden selber darüber bestimmen wollen; dass sie die Verantwortung für das Lernen in die eigenen Hände nehmen möchten, mindestens partiell. Die Hypothese dazu lautet:

Hypothese 2: Die Lernenden möchten im Statistikunterricht selbstgesteuert und autonom arbeiten.

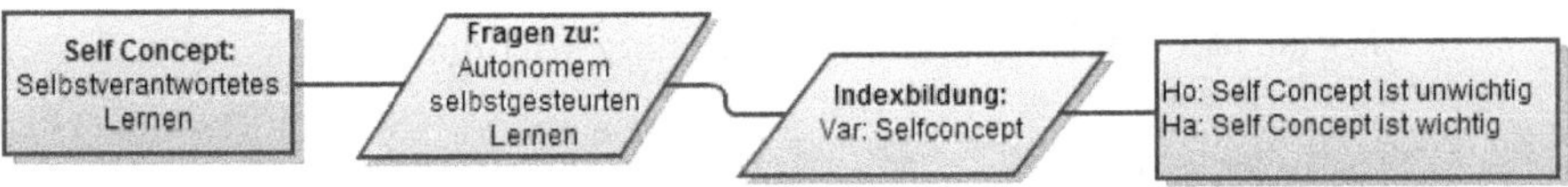

Abbildung 6: Hypothese 2.

Die Items lauten im Detail:

- Ich möchte im Unterricht selbständig arbeiten
- Ich bevorzuge das Aufgabenlösen gegenüber Stoffvermittlung
- Theorie ist wichtig, ich erarbeite sie wenn nötig selber

Wenn diese Fragen positiv beantwortet werden, wird davon ausgegangen, dass das Selbstkonzept für den Statistikunterricht bedeutsam ist.

Auch hier wird der Mittelwert der drei Fragen zur Variable *Selfconcept* als Index für das Selbstkonzept der Lernenden erstellt.

6.1.1.3 Die Erfahrung des Lernenden

Erwachsene bringen ihre eigene Realität aus der Praxis mit in den Unterricht und möchten deshalb diese Erfahrung auch einfliessen lassen. Die Hypothese lautet:

Hypothese 3: Für die Lernenden ist es wichtig, eigene Erfahrungen in den Statistikunterricht einzubringen.

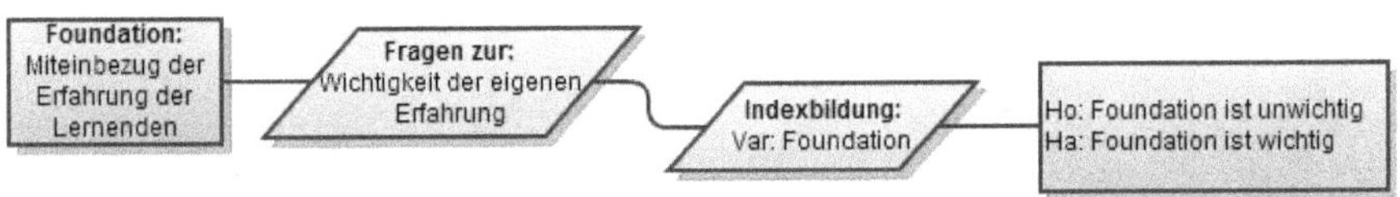

Abbildung 7: Hypothese 3.

Für die Beantwortung der Hypothesen wurden folgende Items formuliert:

- Es ist mir wichtig, Fallbeispiele einzubringen
- Schulbeispiele finde ich interessant
- Heterogene Kursgruppen sind interessant
- Fallbeispiele anderer Kursteilnehmer sind interessant
- Manche Kursteilnehmer würden eigene Erfahrungen und eigenes Wissen gerne in den Kurs einfliessen lassen. Wie würdest Du Dich selber einschätzen? (Diese Frage hat nur die Werte 1 bis 4 von «Ich bin eher zurückhaltend» bis «Ich bin sehr offen»).

Der Index für *Foundation* wird direkt aus der sehr konkreten Frage 1 *(Es ist mir wichtig, Fallbeispiele einzubringen)* gebildet. Die anderen Fragen dienen der Kontrolle. So ist etwa interessant zu sehen, ob die Personen, die gerne Fallbeispiele einbringen, auch die Offenheit besitzen, diese im Unterricht zu zeigen. Oder es kann wichtig sein, ob die Erfahrung von anderen Kursteilnehmern auch als interessant erachtet wird oder ob diese eher als negativ wahrgenommen wird.

6.1.1.4 Die Bereitschaft zu lernen

Readiness to learn bezeichnet den richtigen Zeitpunkt, etwas Bestimmtes zu lernen. Erst wenn der zu lernende Stoff eine Relevanz im Leben des Lernenden hat, kann dieser Stoff auch gut gelernt werden.

Hypothese 4: Statistik weist eine aktuelle Relevanz für die Kursteilnehmer auf.

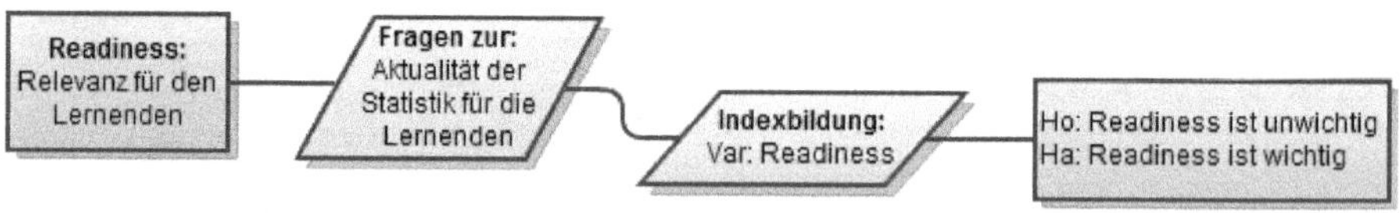

Abbildung 8: Hypothese 4.

Zu *Readiness* wurden folgende Items aufgestellt:

- Ich fühle mich als Akademiker(in) unwohl, wenn ich Statistik nicht beherrsche
- In wissenschaftlichen Publikationen will ich die statistischen Teile verstehen
- In akademischen Diskussionen will ich alles verstehen, auch Statistik
- Statistik soll gleich zu Beginn des Studiums unterrichtet werden
- Statistik soll gegen Ende des Studiums unterrichtet werden

Hier wird davon ausgegangen, dass die Studierenden und Forschenden einen Bezug zu wissenschaftlichen Auswertungen haben. Geprüft wird mit diesen Fragen, ob die Relevanz von Statistik vor diesem Hintergrund gegeben ist. Je positiver diese in den Antworten ausfällt, desto eher kann davon ausgegangen werden, dass Readiness wichtig ist.

Der Index für die Lernbereitschaft wird aus dem Mittel der Fragen eins bis drei und fünf gebildet, der Name des Indexes ist *Readiness.*

6.1.1.5 Die Lernorientierung

Die Lernorientierung geht davon aus, dass die Lernenden problemorientiert sind. Statistik müssen und möchten sie lernen, aber in der thematischen Breite sind sie eher eng auf ihre persönliche Problematik ausgerichtet. Die formulierte Hypothese zu diesem Postulat ist:

Hypothese 5: Die problemorientierte Ausrichtung des Statistikunterrichts ist wichtig.

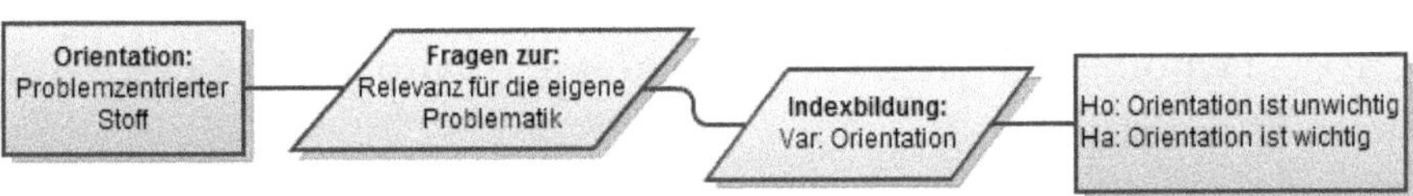

Abbildung 9: Hypothese 5.

Für die Erfassung von *Orientation* wurden folgende drei Items gebildet:

- Im Unterricht suche (suchte) ich Lösungen zu spezifischen Fragen
- Lösungen für unmittelbare Arbeiten sind wichtiger als ein Gesamtüberblick
- Statistik brauche ich jetzt oder zukünftig für meine Arbeiten

Werden die Fragen positiv beantwortet, kann davon ausgegangen werden, dass die problemzentrierte Ausrichtung wichtig ist.

Der Index für die Lernorientierung wird durch das Mittel der drei gestellten Fragen gebildet und heisst *Orientation.*

6.1.1.6 Die Motivation zu lernen

Knowles' Theorie besagt, dass Erwachsene eher intrinsisch als extrinsisch motiviert sind. Der stärkste Antrieb zu lernen sei die innere Motivation. Die Hypothese wird formuliert als:

Hypothese 6: Beim Statistikunterricht sind die Studierenden intrinsisch motiviert.

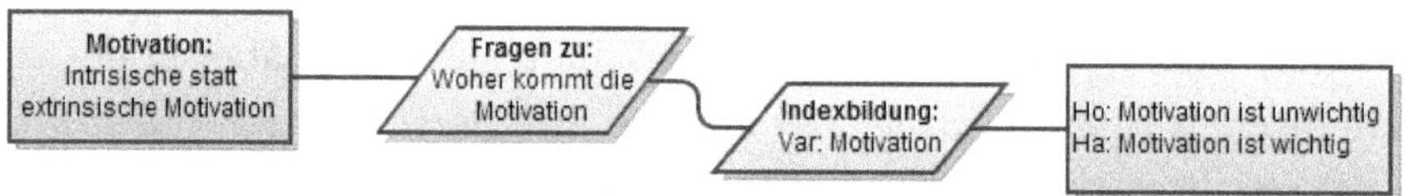

Abbildung 10: Hypothese 6.

Um die Hypothese 6 beantworten zu können, wurden diese drei Items formuliert:

- Ich wollte schon immer forschen und auch Statistik lernen
- Zu meinem Studium gehört Statistik, so bin ich für Statistik motiviert

- Ich lerne Statistik, weil ich muss!

Hier sind die Fragen unterschiedlich gepolt, die ersten zwei müssen für eine Bestätigung der Hypothese positiv ausfallen, die dritte Frage ist umgekehrt formuliert und muss negativ ausfallen. Die Werte der dritten Frage «Ich lerne Statistik, weil ich muss!» werden für den Index gedreht (10 wird 1, 9 wird 2, 8 wird 3 etc.), damit das Mittel für alle drei Fragen für den Index für *Motivation* gebildet werden kann.

6.1.2 Dimension Reife

Es soll hier untersucht werden, ob das Alter einen Einfluss auf die Stärke der Gewichtung der Postulate von Knowles hat. Wenn hinter dem Erwachsenwerden ein kontinuierlicher Prozess steht, dann dürfte dies erwartet werden. Die Hypothese zur Dimension Reife lautet demnach:

Hypothese 7: Je älter eine Person, desto wichtiger sind ihr die Postulate von Knowles.

6.2 Resultate und Überprüfung der Hypothesen

Der Überprüfung der einzelnen Postulate liegt die Überlegung zugrunde, dass bei einer Indexskalierung von eins bis zehn die Werte bis und mit fünf ein Indiz dafür sind, dass die Wichtigkeit bei den Probanden als gering eingeschätzt wird. Bei den Werten sechs bis und mit zehn hingegen wird eine zunehmende Wichtigkeit angenommen.

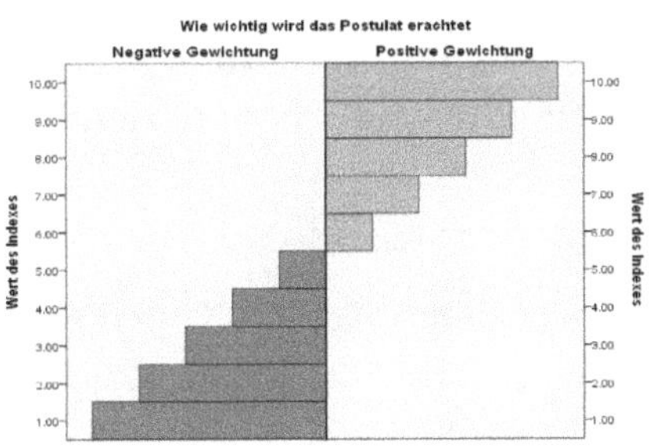

Abbildung 11: Bewertungsschema.

Basierend auf dieser Annahme wird für jedes Postulat ein t-Test gegen die Testgrösse von fünf durchgeführt. Damit wird überprüft, ob die gefundenen Mittelwerte signifikant höher sind als fünf. Ist dies der Fall, wird jeweils die Nullhypothese, dass das entsprechende Postulat keine Wichtigkeit hat, abgelehnt und die Alternativhypothese, dass die Wichtigkeit des Postulates gegeben ist, akzeptiert (vgl. Kap. 5.4).

6.2.1 Hypothese 1: Bedürfnis nach Wissen

Die gestellte Hypothese besagt: Erwachsene wollen wissen, dass Statistik wichtig ist. Für den Index *Need* finden die Probanden dieses Postulat mit einem Wert von 7.97 (SD 1.14, N=66) sehr wichtig. Mit 95% Sicherheit kann davon ausgegangen werden, dass die Wichtigkeit zwischen 7.69 und 8.25 eingestuft wird (UKI=2.69, OKI=3.25)[10]. Die Daten zeigen eindeutig, dass das Postulat «Need to know» als wichtig erachtet wird (t=21.08, p<0.001).

Test bei einer Stichprobe

	Testwert = 5					
					95% Konfidenzintervall der Differenz	
	T	df	Sig. (2-seitig)	Mittlere Differenz	Untere	Obere
Need	**21.077**	**65**	**.000**	**2.96970**	**2.6883**	**3.2511**

Tabelle 4: Test Hypothese 1.

6.2.2 Hypothese 2: Selfconcept

Die Hypothese, die Lernenden möchten im Statistikunterricht selbstgesteuert und autonom arbeiten, wird mit dem Index *Selfconcept* überprüft. Dieser ist mit 6.95 (SD=1.40, N=66) deutlich über dem

10 OKI: Oberes Konfidenzintervall, UKI: Unteres Konfidenzintervall. Statistisch kann damit ein sog. Vertrauensbereich mit 95 % Sicherheit errechnet werden. Innerhalb dieses Bereiches liegen gemäss Inferenzstatistik die Werte in der Grundgesamtheit, in unserem Falle bei den erwachsenen Lernenden.

Schwellenwert von fünf. Mit 95% Sicherheit liegt der wahre Wert zwischen 6.61 und 7.30 (UKI=1.61, OKI=2.30). Die Teststatistik zeigt deutlich, dass das Postulat «Selfconcept» wichtig ist ($t=11.37$, $p<0.001$).

Test bei einer Stichprobe

	Testwert = 5					
					95% Konfidenzintervall der Differenz	
	T	df	Sig. (2-seitig)	Mittlere Differenz	Untere	Obere
Selfconcept	**11.366**	**65**	**.000**	**1.95202**	**1.6090**	**2.2950**

Tabelle 5. Test Hypothese 2.

6.2.3 Hypothese 3: Foundation

Die Hypothese zu *Foundation* lautet: Lernenden ist es wichtig, eigene Erfahrungen in den Statistikunterricht einzubringen. Der Index ist mit 6.38 (SD=2.60, N=64) klar über fünf. Die Streuung ist aber sehr hoch und auch die Konfidenzintervalle von 5.72 und 7.03 zeigen, dass dieser Index Fragen aufwirft. Die Daten bestätigen die Hypothese zwar eindeutig ($t=4.23$, $p<0.001$), aber die Wichtigkeit von *Foundation* ist weniger stark als diejenige von *Need* und *Selfconcept.* Knowles meint zur Erfahrung der Lernenden, dass bei vielen Lernarten die wertvollsten Lernressourcen in den erwachsenen Lernenden selbst liegen (Knowles 2005: 66). Obwohl es einer seiner Vorschläge ist, fallorientiert zu arbeiten, ist gerade dies nicht über jeden Zweifel erhaben.

Test bei einer Stichprobe

	Testwert = 5					
					95% Konfidenzintervall der Differenz	
	T	df	Sig. (2-seitig)	Mittlere Differenz	Untere	Obere
Foundation	**4.225**	**63**	**.000**	**1.37500**	**.7247**	**2.0253**

Tabelle 6: Test Hypothese 3

Es lohnt sich an dieser Stelle, *Foundation* detaillierter zu analysieren. Die vorliegende Studie zeigt, dass *Foundation* auf Stufe der Fakultäten ganz unterschiedlich gewichtet wird:[11]

Test bei einer Stichprobe

Fakultätszugehörigkeit	Testwert = 5					
					95% Konfidenzintervall der Differenz	
	T	df	Sig. (2-seitig)	Mittlere Diff.	Untere	Obere
Medizinische Fakultät	**2.40**	**11**	**.035**	**1.75**	**.14**	**3.3557**
Mathematisch-naturwissenschaftliche Fakultät	**1.17**	**11**	**.266**	**.67**	**-.58**	**1.9180**
Philosophische Fakultät	**3.37**	**27**	**.002**	**1.68**	**.66**	**2.7021**
Wirtschaftswissenschaftliche Fakultät	**.40**	**8**	**.702**	**.44**	**-2.14**	**3.0258**

Tabelle 7: Vergleich der Fakultäten mit Foundation.

Offensichtlich wird bei der Wirtschaftswissenschaftlichen Fakultät (Index=5.45, SD=3.36) das Einbringen eigener Erfahrungen weniger gewichtet, ebenso bei der Mathematisch-naturwissenschaftlichen Fakultät (Index=5.67, SD=1.97). Bei beiden Fakultäten ist der Wert nicht signifikant über fünf (p=0.70 und p=0.27). Somit kann bei diesen zwei Fakultäten nicht davon ausgegangen werden, dass *Foundation* wichtig ist. Am höchsten wird *Foundation* bei den Medizinern bewertet (Index=6.75, SD=2.53, p=0.035), allerdings ist dort die Streuung sehr hoch und der wahre Indexwert liegt mit 95% Sicherheit zwischen 5.14 und 8.36 (UKI=.14, OKI=3.36). Es ist naheliegend, anzunehmen, dass die Kursteilnehmer aus der Medizin sehr konkrete Aufgaben aus ihrer Praxis abdecken wollten und dementsprechend auch ein hohes Bedürfnis haben, Fallbeispiele einzubringen. Die Zahlen zeigen aber

[11] Es werden nur die Fakultäten dargestellt, die genügend Fälle ausweisen.

auch, das *Foundation* zwar wichtig ist, aber im Statistikunterricht nicht für alle hohe Priorität hat.

Knowles meint, dass *Foundation* nicht nur positive Seiten hat, da Leute durch die starke Anlehnung an ihre Praxis weniger offen für Neues seien. Dies wollte die Studie auch untersuchen. Mit der Frage «Heterogene Kursgruppen sind interessant» sollte überprüft werden, ob die Offenheit für die Realitäten der andern Kursteilnehmer vorhanden ist. Ein erster Blick zeigt, dass durchaus Interesse an den anderen Realitäten vorhanden ist ($\bar{x}$=7.39, SD=2.17), dieser Befund wird auch inferenzstatistisch untermauert (t=8.967, p<0.001).

Test bei einer Stichprobe

	Testwert = 5					
					95% Konfidenzintervall der Differenz	
	T	df	Sig. (2-seitig)	Mittlere Differenz	Untere	Obere
f6 – Heterogene Kursgruppen sind interessant	**8.967**	**65**	**.000**	**2.394**	**1.86**	**2.93**

Tabelle 8: Sind heterogene Kursgruppen interessant?

Vorher konnte gezeigt werden, dass die Medizinische Fakultät die Gruppe mit der höchsten Ausprägung für *Foundation* ist. Es wurde dann argumentiert, dass dies daher komme, dass diese Gruppe sehr praxisorientiert am Kurs teilnimmt. Spannend ist, dass einzig diese Gruppe heterogene Kursgruppen als nicht interessant bezeichnet ($\bar{x}$=6.17, SD=2.25, t=1.80, p=0.1):

Test bei einer Stichprobe[a]

An welcher Fakultät studierst Du resp. hast Du studiert?		Testwert = 5					
						95% Konfidenzintervall der Differenz	
		T	df	Sig. (2-seitig)	Mittlere Differenz	Untere	Obere
Medizinische Fakultät	Heterogene Kursgruppen sind interessant	**1.797**	**11**	**.100**	**1.167**	**-.26**	**2.60**
Mathematisch-naturwissenschaftliche Fakultät	Heterogene Kursgruppen sind interessant	**11.222**	**11**	**.000**	**2.917**	**2.34**	**3.49**
Philosophische Fakultät	Heterogene Kursgruppen sind interessant	**4.515**	**27**	**.000**	**2.107**	**1.15**	**3.06**
Wirtschaftswissenschaft–liche Fakultät	Heterogene Kursgruppen sind interessant	**7.640**	**10**	**.000**	**3.727**	**2.64**	**4.81**

Tabelle 9: Heterogene Kursgruppen und Fakultät.

Dies ist indirekt eine sehr bedeutsame Bestätigung für Knowles' These, dass *Foundation* eben auch behindernd wirken kann und dass diesem Phänomen besondere Beachtung geschenkt werden muss. Dieses Resultat ist beachtenswert und war am Anfang der Studie in dieser Form sicher nicht erwartet worden.

6.2.4 Hypothese 4: Readiness

Die Hypothese zu *Readiness* bedeutet, dass Statistik für die Kursteilnehmer eine aktuelle Relevanz aufweist. Mit einem Index von 7.79 (SD=1.39, N=65) ist das Postulat über die Bereitschaft zu lernen in der Wichtigkeit hoch bewertet. Entscheidungsstatistisch ist der Befund gut abgestützt ($t=16.23$, $p<0.001$) und die Hypothese kann bestätigt werden.

Test bei einer Stichprobe						
	Testwert = 5					
					95% Konfidenzintervall der Differenz	
	T	df	Sig. (2-seitig)	Mittlere Differenz	Untere	Obere
Readiness	**16.226**	**64**	**.000**	**2.79487**	**2.4508**	**3.1390**

Tabelle 10: Test Hypothese 4.

Einen Widerspruch zeigt eine differenzierte Untersuchung gleichwohl auf, denn die Probanden sind mehrheitlich Personen, die einen Statistikkurs absolvierten, als sie das Studium schon abgeschlossen hatten oder kurz vor dem Abschluss standen. Viele haben nach eigenen Angaben[12] bereits im Grundstudium einen Statistikkurs besucht. Aufgrund dieses Vorwissens wäre zu vermuten, dass diese Personen Statistik nicht am Anfang des Studiums wünschten, sondern am Schluss. Die Daten zeigen aber einen anderen Sachverhalt: Mit einer Wichtigkeit von 5.56 (SD=3.28) ist nicht klar, ob Statistik mit einer Präferenz gegen Schluss des Studiums unterrichtet werden soll.

Statistik bei einer Stichprobe				
	N	Mittelwert	Standardabweichung	Standardfehler des Mittelwertes
f7 – Statistik soll gegen Ende des Studiums unterrichtet werden	**63**	**5.56**	**3.281**	**.413**

Tabelle 11: Mittelwert für «Soll Statistik gegen Ende des Studiums gelehrt werden?».

Wie die genaue Analyse zeigt, kann die Nullhypothese «Es ist nicht wichtig, dass Statistik gegen Ende des Studiums unterrichtet wird» nicht abgelehnt werden (t=1.34, p=.184).

---

12 Diese Information stammt aus den Einführungsgesprächen in den Kursen.

Test bei einer Stichprobe

	Testwert = 5					
					95% Konfidenzintervall der Differenz	
	T	df	Sig. (2-seitig)	Mittlere Differenz	Untere	Obere
f7 – Statistik soll gegen Ende des Studiums unterrichtet werden	**1.344**	**62**	**.184**	**.556**	**-.27**	**1.38**

Tabelle 12: Test für: «Soll Statistik gegen Ende des Studiums gelehrt werden?».

Die konkrete Frage, ob der Statistikunterricht gleich zu Beginn des Studiums gelehrt werden soll, bestätigt dieses Bild mit einem Wert von 6.68 (SD=2.98, t=4.43, p<0.001). Es wird an dieser Stelle unterstellt, dass der Statistikunterricht am Anfang des Studiums weniger Relevanz für die Studierenden hat als gegen Ende, trotzdem zeigt die Analyse, dass die Studierenden und Forscher sich den Statistikunterricht zu Beginn des Studiums wünschen. Obwohl der Gesamtindex für *Readiness* die These Knowles' stützt, bleibt der hier vorgestellte Widerspruch bestehen.

6.2.5 Hypothese 5: Orientation

Die Hypothese für *Orientation* ist formuliert als «die problemorientierte Ausrichtung des Statistikunterrichts ist wichtig». Mit einem Index von 7.14 (SD=1.29, N=66) ist die Annahme, das dem so ist, gerechtfertigt. Der t-Test bestätigt dies auch sehr prägnant (t=13.46, p<0.001). Das Konfidenzintervall (95%) sichert den wahren Wert zudem zwischen 6.83 und 7.46 (UKI=1.83, OKI=2.46).

Test bei einer Stichprobe

	Testwert = 5					
					95% Konfidenzintervall der Differenz	
	T	df	Sig. (2-seitig)	Mittlere Differenz	Untere	Obere
Orientation	**13.457**	**65**	**.000**	**2.14394**	**1.8258**	**2.4621**

Tabelle 13: Test Hypothese 5.

Wenn die gestellten Fragen (vgl. Kap. 6.1.1.5) angeschaut werden, erstaunt das Resultat vielleicht nicht ausserordentlich; spannend ist aber, dass es bei der Lernorientierung einen Unterschied zwischen den Geschlechtern gibt. Frauen finden die Lernorientierung mit 6.96 (SD=1.26) weniger wichtig als Männer ($\bar{x}$ =7.47, SD=1.38).

Test bei einer Stichprobe

Was ist Dein Geschlecht?		Testwert = 5					
						95% Konfidenzintervall der Differenz	
		T	df	Sig. (2-seitig)	Mittlere Differenz	Untere	Obere
Weiblich	Orientation	**10.507**	**44**	**.000**	**1.95926**	**1.5835**	**2.3351**
Männlich	Orientation	**7.812**	**18**	**.000**	**2.47368**	**1.8084**	**3.1390**

Tabelle 14: Test Hypothese 5.

Der Unterschied ist allerdings inferenzstatistisch nicht signifikant (t=1.3, p=.15), sodass aufgrund der Datenlage nur rein deskriptiv ein solcher Unterschied beschieden werden kann.

6.2.6 Hypothese 6: Motivation

Die sechste Hypothese betrifft die intrinsische Motivation. Die Aussage lautet: Beim Statistikunterricht sind die Studierenden intrinsisch motiviert. Der Index weist einen Wert von 6.03 (SD=1.99, N=64) auf und ist damit sehr tief. Die Abweichung zum Trennwert fünf ist statistisch signifikant (t=4.16, p<0.001), allerdings liegt die untere Grenze des 95%-Konfidenzintervalls sehr nahe um fünf (UKI=0.538, O-KI=1.53).

	Test bei einer Stichprobe					
	Testwert = 5					
			Sig. (2-	Mittlere Diffe-	95% Konfidenzintervall der Differenz	
	T	df	seitig)	renz	Untere	Obere
Motivation	**4.163**	**63**	**.000**	**1.03385**	**.5376**	**1.5301**

Tabelle 15: Test Hypothese 6 bei einem Schwellenwert von fünf.

Wird der Schwellenwert von fünf auf sechs erhöht, dann kann die Hypothese, dass intrinsische Motivation wichtig ist, nicht mehr gehalten werden (t=0.136, p=0.892).

	Test bei einer Stichprobe					
	Testwert = 6					
			Sig. (2-	Mittlere Diffe-	95% Konfidenzintervall der Differenz	
	T	df	seitig)	renz	Untere	Obere
Motivation	**.136**	**63**	**.892**	**.03385**	**-.4624**	**.5301**

Tabelle 16: Test Hypothese 6 bei einem Schwellenwert von sechs.

Die Studie hält sich an den Schwellenwert von fünf, und deshalb wird auch die Hypothese, dass *Motivation* wichtig ist, akzeptiert. Es wird aber mit Nachdruck darauf hingewiesen, dass die intrinsische Motivation eher tief ausfällt. Die Frage «Ich lerne Statistik, weil ich muss» schneidet mit einem Wert von 5.3 (SD=2.88) ganz knapp im Bereich der Zustimmung ab. Die statistische Signifikanz ist aber nicht gegeben (t=0.83, p=0.41). Mit einer Sicherheit von 95 Prozent kann dessen ungeachtet ausgesagt werden, dass der wirkliche Wert zwischen 4.58 und 6.03 (UKI=-042; OKI=1.03) liegt. Ein Wert, der nicht wirklich für hohe intrinsische Motivation spricht.

Test bei einer Stichprobe

	Testwert = 5					
			Sig. (2-seitig)	Mittlere Differenz	95% Konfidenzintervall der Differenz	
	T	df			Untere	Obere
f9 – Ich lerne Statistik, weil ich muss!	**.832**	**62**	**.409**	**.302**	**-.42**	**1.03**

Tabelle 17: Indikator für intrinsische Motivation.

6.2.7 Hypothese 7: Dimension Reife

Wenn die Thesen von Knowles richtig sind, dann müsste ein Zusammenhang zwischen den einzelnen Postulaten und dem Faktor Alter zu erkennen sein. Gemäss Reifegradmodell (Abbildung 2) nimmt der Abhängigkeitsgrad mit dem Alter ab und das Bedürfnis, sich selbst zu steuern, zu. Knowles geht nicht im Detail darauf ein, wie die zeitliche Abfolge verläuft, doch darf davon ausgegangen werden, dass es sich um einen fortschreitenden Prozess handelt, der auch in der Adoleszenz noch nicht gänzlich abgeschlossen ist und sich somit bis ins Alter hinziehen kann.

Für die Untersuchung sind zwei Altersgruppen angeschaut worden, Personen unter 34 Jahre und jene, die älter sind. Der Schwellenwert von 34 Jahren wurde aufgrund der deskriptiven Beurteilung der Daten ermittelt. Es zeigt sich, dass nach 35 Jahren die Kurve für den Gesamtindex[13] ansteigt:

13 Gesamtindex = Mittelwert über alle sechs Postulat-Indices.

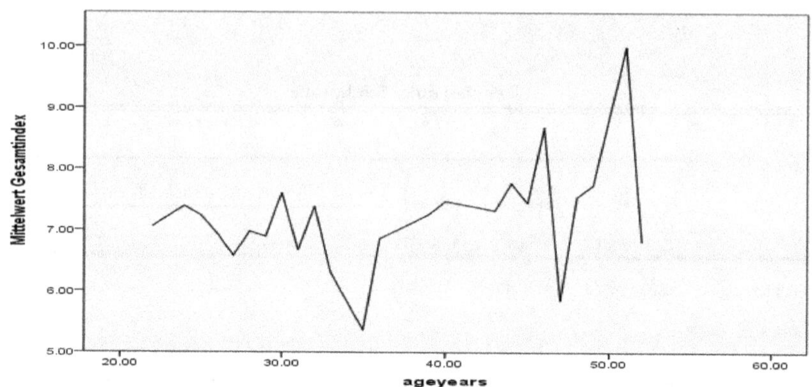

Abbildung 12: Zunahme des Gesamtindex nach Alter.

Schaut man sich die Werte an, so ist zu erkennen, dass die ältere Gruppe den Thesen für *Need*, *Readiness* und *Orientation* ein höheres Gewicht beimisst als die jüngere Gruppe:

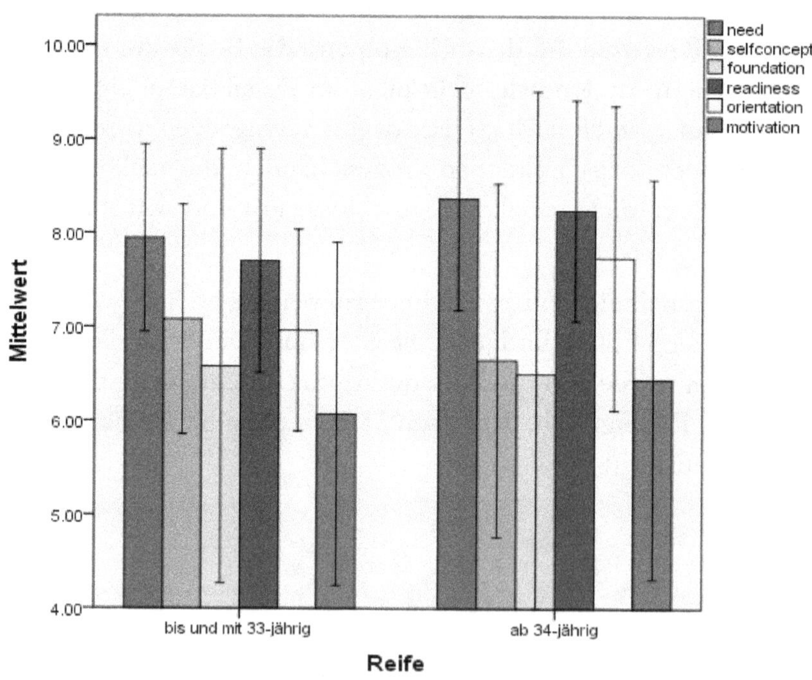

Abbildung 13: Reifegrad nach Indexgruppen.

Im direkten Vergleich ist allerdings nur bei *Orientation* ein schwach signifikanter Unterschied der Differenz der zwei Gruppen (6.92 für die unter 34-Jährigen versus 7.70 für die ältere Gruppe) zu sehen (t=1.97, p=0.03 einseitig).

Wie dargestellt sind die zwei Altersgruppen im direkten Vergleich sehr ähnlich. Alter (Reife) und die einzelnen Thesen korrelieren jedoch immerhin bei drei Thesen signifikant, auch wenn der Zusammenhang eher schwach ist *Need* (r=0.229, p=0.032), *Readiness* (r=0.254, p=0.020) und *Orientation* (r=0.360, p=0.001).

Diese Resultate lassen den Schluss zu, dass es mindestens im Ansatz einen Zusammenhang zwischen der Reife der Personen und *Need*, *Readiness* und (am stärksten) *Orientation* gibt.

6.3 Gesamthypothese

Die bis jetzt nicht gestellte Gesamthypothese lautet: «Die Thesen von Knowles sind für den Statistikunterricht wichtig.»

Die Einzel-Hypothesen konnten alle akzeptiert werden (vgl. Kap. 6.2) und erscheinen der besseren Übersicht halber hier zusammengefasst:

Hypothese	Index	Signifikanz (2-seitig)
1: Die Erwachsenen wollen wissen, dass Statistik wichtig ist	7.97 (SD 1.14, N=66)	(t=21.08, p<0.001)
2: Die Lernenden möchten im Statistikunterricht selbstgesteuert und autonom arbeiten	6.95 (SD=1.40, N=66)	(t=11.37, p<0.001)
3: Für die Lernenden ist es wichtig, eigene Erfahrungen in den Statistikunterricht einzubringen	6.38 (SD=2.60, N=64)	(t=4.23, p<0.001)

4: Statistik weist eine aktuelle Relevanz für die Kursteilnehmer auf	7.79 (SD=1.39, N=65)	(t=16.23, p<0.001)
5: Die problemorientierte Ausrichtung des Statistikunterrichts ist wichtig	7.14 (SD=1.29, N=66)	(t=13.46, p<0.001)
6: Beim Statistikunterricht sind die Studierenden intrinsisch motiviert	6.03 (SD=1.99, N=64)	(t=4.16, p<0.001)

Tabelle 18: Zusammenfassung der Resultate.

Da keine der Thesen abgelehnt wurde, kann an dieser Stelle zusammenfassend bejaht werden, dass die Theorie von Knowles effektiv eine Wichtigkeit für den Statistikunterricht an Hochschulen hat. Diese ist unterschiedlich hoch, wobei die Thesen über die *Motivation* (ist diese intrinsisch?) und *Foundation* (die Stellung der Erfahrung) recht tief bewertet werden:

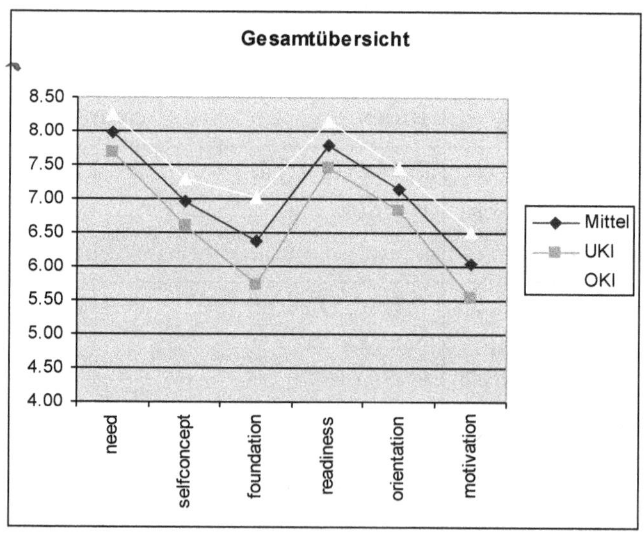

Abbildung 14: Diagramm der Resultate

Knowles unterscheidet in seiner Theorie nicht bloss Erwachsene von Kindern, er geht von einer natürlichen, biologischen Entwicklung aus (vgl. Kap. 4.1.2). Er weist auch darauf hin, dass der kulturelle Einfluss diese Entwicklung verzögern könne, sodass die Reife zum Erwachsenenlernen hinausgeschoben wird. Wenn aber die Reife zum Erwachsenenlernen kontinuierlich ansteigt, müsste dies auch in den erhobenen Daten ersichtlich sein. In Kap. 6.2.7 konnte dies vorangehend für die Postulate *Need*, *Readiness* und am stärksten für *Orientation* präsentiert werden. Wenn die Gesamtwichtigkeit der Postulate bewiesen werden kann und wenn parallel auch der Zusammenhang zwischen Reife und Postulaten feststeht, dann kann mit gutem Grund angenommen werden, dass die Theorie von Knowles durch die Praxis bestätigt wird. Die Reifedimension ist deshalb so wichtig, weil die Theorie sich explizit von einer Theorie der Pädagogik unterscheidet; demnach muss der spezifische Nutzen und Zusammenhang für die Erwachsenen ersichtlich sein. Weil der Reifegrad so bedeutsam ist, soll dieser Aspekt an dieser Stelle vertieft werden.

Dazu wurde ein Regressionsmodell entwickelt, welches als abhängige Variable das Alter aufweist und als unabhängige Variable alle sechs Postulate. Die Annahme ist die, dass – obwohl die Postulate das Altern nicht beeinflussen können – sich in Abhängigkeit der Postulate der Wert des Alters ändert. Zudem wurde das Modell auf zwei unterschiedliche Gruppen angewandt, jene der unter 34-Jährigen und jene der Älteren. Das Resultat ist sehr auffallend. Bei den unter 34-Jährigen zeigt das Modell keinen Erklärungswert (r^2=0.15, p=0.39), bei den über 34-Jährigen erklärt das Modell die Abhängigkeit von Alter und den sechs Postulaten zu 64% (r^2=0.64, p=0.043).

Modellzusammenfassung

Reife	Modell	R	R-Quadrat
bis und mit 33-jährig	1	**.392**	**.154**
ab 34-jährig	1	**.802**	**.643**

Tabelle 19: Erklärungsgrad der Regression nach Altersgruppen.

ANOVA[c]

Reife	Modell		Quadratsumme	df	Mittel der Quadrate	F	Sig.
bis und mit 33-jährig	1	Regression	42.000	6	7.000	1.090	.387[a]
		Nicht standardisierte Residuen	231.214	36	6.423		
		Gesamt	273.214	42			
ab 34-jährig	1	Regression	353.296	6	58.883	3.297	.042[b]
		Nicht standardisierte Residuen	196.470	11	17.861		
		Gesamt	549.766	17			

a. Einflussvariablen: (Konstante), Motivation, Readiness, Need, Orientation, Selfconcept, Foundation

b. Einflussvariablen: (Konstante), Motivation, Readiness, Foundation, Need, Orientation, Selfconcept

c. Abhängige Variable: Ageyears

Tabelle 20: Regressionsmodell Wechselwirkung Alter und mit den sechs Thesen.

Dies offenbart die Wichtigkeit des Reifegrades sehr deutlich. Interessant ist, dass der Effekt erst ab dem dreissigsten Altersjahr sichtbar wird. Eine Vermutung geht in Richtung eines späten Berufseintritts von Hochschulabgängern. Viele beenden die Universität erst sehr spät und treten somit auch erst um gegen dreissig ins Berufsleben ein, und erst dort kommt der kulturelle Bruch mit der Schulkultur voll zum Durchbruch und die von Knowles aufgestellten Voraussetzungen für das Erwachsenenlernen werden dann umso wichtiger.

Zusammenfassend können die Thesen von Knowles bestätigt werden, wobei wie oben gezeigt der Reifegrad dabei eine bestimmende Rolle einnimmt. Die Studie zeigt, dass mit zunehmendem Alter die Wichtigkeit der Postulate von Knowles' Andragogik ansteigt.

7 Konsequenzen für den Unterricht

Die Theorie Knowles' konnte für den Statistikunterricht verifiziert werden. Wo aber soll und kann konkret etwas bewirkt werden? Um dies zu beantworten, soll folgend zu jeder Hypothese eine Anleitung für die Praxis gegeben werden.

7.1 Die Erwachsenen wollen wissen, dass Statistik wichtig ist

Diese Hypothese wurde sehr stark angenommen. Für eine mögliche Umsetzung ist wichtig, den Kursteilnehmern Perspektiven aufzuzeigen, dass Statistik über den reinen Schulgebrauch hinaus wichtig ist. Sehr oft wird der reine Hochschulbetrieb in den Vordergrund gestellt und die Praxis aussen vor gelassen. Im Zeitalter der Informationstechnologie sollte es aber ein Leichtes sein, spannende Beispiele aus der Praxis aufzuzeigen und wenn möglich sogar in den Kurs einzubauen. Dabei darf der fachspezifische Bezug nicht vergessen werden. Dieser ist letztlich für die Motivation wichtiger, da die Studierenden wegen des gewählten Studienfachs an die Hochschule gekommen sind. Trotzdem ist der Blick über den Tellerrand bedeutend, und nicht zuletzt möchten die Studierenden wissen, mit welchen Kenntnissen sie wo Berufschancen und -möglichkeiten haben.

Damit diese Forderungen erfüllt sind, muss gesichert sein, dass die Kursleiter auch über dieses Wissen verfügen und nicht nur Theoretiker sind. Traditionell wird noch viel zu oft auf mathematikbasierten Statistikunterricht gesetzt, wo die ganze Wahrscheinlichkeitslehre behandelt wird. Moore meint dazu (1997: 129):

> "Mathematical probability is of course a noble and useful subject. It is essential for mathematical modeling and for the mathematical theory that underlies some parts of statistics. Attempting to present a substantial introduction to probability in a data-oriented statistics course, however, is in my opinion unwise."

Moore ist ein überzeugter Verfechter der Statistik als eigene Wissenschaft, die auf ihre Weise bemüht sein muss, Inhalte zu vermitteln. Dies drückt sich in folgender radikaler Ansicht aus (1988: 7):

> "In my opinion, introductory courses that contain mathematically false statements but require students to work with data are less damaging than courses consisting solely of correct proofs of true theorems."

Sicherlich wird eine Mathematiklastigkeit dem Verständnis, wofür Statistik gebraucht wird, eher abträglich sein. Zusammenfassend soll an dieser Stelle aber nochmals betont werden, dass der Praxisbezug zentral ist. Dabei ist auch die zukünftige Praxis zu berücksichtigen, nicht nur das momentane Umfeld Hochschule mit seinen quantitativen Forschungen, sondern auch den Ausblick ins Berufsleben zu beachten.

7.2 Die Lernenden möchten im Statistikunterricht selbstgesteuert und autonom arbeiten

Auch diese Hypothese ist bei der Untersuchung klar angenommen worden und die Empfehlung für den Unterricht lautet, die Selbstverantwortung und das selbstgesteuerte Lernen mehr zu berücksichtigen. Wenn man von der Selbstverantwortung eines Lernenden spricht, so ist nicht immer klar, was damit gemeint ist. Im Zentrum steht, dass sich alle Lernenden unterscheiden, auch in der Art, wie sie lernen. Da es aber nie möglich sein wird, dass eine Lehrperson für jeden Studierenden einen eigenen Lehrplan machen kann, muss der/die Lernende selbstgesteuert am Lernprozess mitarbeiten. Dies erfordert eine gewisse Autonomie eines/einer jeden und daraus abgeleitet auch Selbstdisziplin. Dies bedeutet jedoch nicht, dass die Kursteilnehmer alles alleine machen müssen. Aber der Unterricht muss so strukturiert sein, dass alle Lernenden einen Teil selbst gestalten können. Hierunter fallen zum Beispiel offene Aufgaben, die unterschiedlich gelöst und beantwortet werden können. Gerade die Statistik – obwohl im Kern eine exakte Wissenschaft – kann gewisse Fragen gar nicht beantworten. Das berühmte Beispiel eines nicht kausalen Zusammenhangs als

Scheinkorrelation zwischen Abnahme der Störche und gleichzeitiger Abnahme der Geburtenrate in der Schweiz zeigt dies schön. Anregungen zu offenem Denken sind in der Statistik sehr gut praktikabel.

Weiter gilt es zu bedenken, dass aufgabenbezogenes Arbeiten viel Handlungsspielraum für autonomes Lernen bietet. Interessant wäre es sicherlich, wenn – statt «Methode nach Methode» zu lernen – ein konkretes Fallbeispiel durchgearbeitet werden könnte, vom Datenerfassen übers Sichten zum Auswerten und Interpretieren. Es wäre in diesem Setting auch gut möglich, in Gruppen Probleme zu erörtern und auszuarbeiten und die gefundenen Lösungen im Plenum zu präsentieren. Die Lehrperson könnte so tatsächlich die Rolle eines *Facilitators* übernehmen.

7.3 Für die Lernenden ist es wichtig, eigene Erfahrungen in den Statistikunterricht einzubringen

Die Auswertung hat gezeigt, dass der Erfahrung der Kursteilnehmer zwar Beachtung geschenkt werden muss, dass es aber beträchtliche Unterschiede gibt. Die Frage, ob die Kursteilnehmer Schulbeispiele interessant finden, wurde mit 7.04 (SD=2.09) höher bewertet als die Frage, ob es für die Teilnehmer wichtig ist, eigene Fallbeispiele einzubringen ($\bar{x}$=6.38, SD=2.60). Vielleicht ist dieser Befund sogar positiv, könnte er doch darauf hinweisen, dass es wie so oft die gute Balance zwischen verschiedenen Kriterien ist, die geschätzt wird. Es zeigt auf jeden Fall, dass auch Schulbeispiele geschätzt werden. Dies steht im Widerspruch zur Theorie, und es müsste weiter nachgeforscht werden, was das im Einzelfall bedeutet.

Auffällig ist allerdings, dass viele Kursteilnehmer sich als eher zurückhaltend taxieren. 61.5% der Befragten empfinden sich als «ein bisschen zurückhaltend» bis «eher zurückhaltend». Nur gerade 4% empfinden sich als «sehr offen». Diese Proportionen ändern sich auch nicht nach Alter (4.3% der unter 34-Jährigen versus 5.6% der über 34-Jährigen bezeichnen sich als «sehr offen») oder Gender (5.3% Männer versus 4.5% Frauen bezeichnen sich als «sehr offen»). Es scheint sich hier um ein allgemeines Phänomen zu handeln. Dies könnte eine mögliche Erklärung für den Widerspruch sein, da viele Kursteilnehmer froh sind, wenn sie sich nicht exponieren müssen und deshalb lieber Schulbeispiele dargeboten bekommen, als dass sie selber etwas aus ihrer Erfahrung präsentieren müssen.

Manche Kursteilnehmer würden eigene Erfahrungen und eigenes Wissen gerne in den Kurs einfliessen lassen. Wie würdest Du Dich selber einschätzen?

		Häufigkeit	Prozent	Gültige Prozente	Kumulierte Prozente
Gültig	Ich bin eher zurückhaltend	**12**	**18.2**	**18.5**	**18.5**
	Ein bisschen zurückhaltend	**28**	**42.4**	**43.1**	**61.5**
	Ziemlich offen	**22**	**33.3**	**33.8**	**95.4**
	Sehr offen	**3**	**4.5**	**4.6**	**100.0**
	Gesamt	**65**	**98.5**	**100.0**	
Fehlend	0	**1**	**1.5**		
Gesamt		**66**	**100.0**		

Tabelle 21: Wie offen sind die Kursteilnehmer?

Vor diesem Hintergrund scheint es am wichtigsten, die Teilnehmer zu aktivieren und aus der Reserve zu holen. Ob in diesem Fall Gruppenarbeiten angezeigt sind, erscheint fraglich, denn zurückhaltende Menschen ziehen sich oft auch in Gruppen zurück. Ein Ansatz könnte darin bestehen, dass die Teilnehmer vor dem Kurs per Mail ihre Wünsche anbringen könnten. So hätte die Lehrkraft genügend Zeit, sich vorzubereiten, und die Erfahrungen der Teilnehmer könnten einfliessen, ohne dass sich diese im Kurs exponieren müssen.

7.4 Statistik weist eine aktuelle Relevanz für die Kursteilnehmer auf

Für den richtigen Zeitpunkt des Statistikunterrichts an Hochschulen gibt es nicht viele Varianten. Statistik kann am Anfang, während oder am Ende des Studiums gelehrt werden. Die Zahlen der Befragung zeigen ein unklares Bild. Grundsätzlich konnte die Hypothese zu *Readiness* angenommen werden, und es muss für jeden Kursverantwortlichen wichtig sein, sich dazu Gedanken zu machen. Wann genau der Unterricht aber stattfinden soll, muss situativ abgeklärt werden. Dies ist von den verschiedenen Fachrichtungen und Lehrgängen abhängig und muss dort entschieden werden.

7.5 Die problemorientierte Ausrichtung des Statistikunterrichts ist wichtig

Das fünfte Postulat betrifft die Ausrichtung des Lernens. Dieses sollte problemorientiert und kontextbezogen sein. Die Hypothese wurde mit einer hohen Wichtigkeit bestätigt. Abgeleitet bedeutet dies einen Realitäts- und praxisnahen Bezug mit Anwendungen, die nach Möglichkeit die konkreten Probleme der Teilnehmer lösen helfen. Die Schwierigkeit könnte hier sein, die Theorie mit der Praxis zu verbinden. Allzu oft suchen Studierende Kochbuchrezepte und wollen so schnell wie möglich zum Ziel gelangen, ohne sich die Theorie anzueignen. Hier ist es also wichtig, auch den praktischen Nutzen der Theorie sichtbar zu machen. Dies könnte etwa darin bestehen, den Studierenden einen Artikel aus einem Journal zu lesen zu geben und anschliessend die dort vorgestellten Analysen zu diskutieren. Das wäre so etwas wie «backward engineering». Man nimmt das Resultat, versucht zu reproduzieren, wie es erstellt wurde und was es bedeutet. Es wäre dann klar, dass die Theorie verstanden werden muss, sonst ist es nicht möglich, die Resultate im Artikel nachzuvollziehen oder zu verstehen. Noch interessanter wäre dieses Beispiel, wenn es sich um einen besonders spannenden Artikel handeln würde.

7.6 Beim Statistikunterricht sind die Studierenden intrinsisch motiviert

Gemessen am Schwellenwert von fünf wurde die These der Wichtigkeit der intrinsischen Motivation angenommen. Wie dargestellt aber nur sehr knapp, sodass der Eindruck einer eher schwachen intrinsischen Motivation entstehen muss. Die Verteilung zeigt bei den Männern 39% und bei den Frauen 56% Personen, die Statistik lernen, weil sie müssen.

Was ist Dein Geschlecht? * Ich lerne Statistik, weil ich muss! Kreuztabelle

			Frage/Aussage: Ich lerne Statistik, weil ich muss!										Gesamt
			1	2	3	4	5	6	7	8	9	10	
Gender	F	Anzahl	**5**	**6**	**2**	**1**	**5**	**5**	**5**	**7**	**2**	**5**	**43**
		% Frauen	**11.6**	**14.0**	**4.7**	**2.3**	**11.6**	**11.6**	**11.6**	**16.3**	**4.7**	**11.6**	**100**
	M	Anzahl	**2**	**2**	**3**	**2**	**2**	**1**	**1**	**4**	**1**	**0**	**18**
		% Männer	**11.1**	**11.1**	**16.7**	**11.1**	**11.1**	**5.6**	**5.6**	**22.2**	**5.6**	**.0**	**100**
Gesamt		Anzahl	**7**	**8**	**5**	**3**	**7**	**6**	**6**	**11**	**3**	**5**	**61**
		% Alle	**11.5**	**13.1**	**8.2**	**4.9**	**11.5**	**9.8**	**9.8**	**18.0**	**4.9**	**8.2**	**100**

Tabelle 22: Verteilung nach Geschlechtern für «Ich lerne Statistik, weil ich muss!».

Obwohl die Differenz zwischen den Geschlechtern auffällt, ist sie statistisch nicht signifikant (t=0.951, p=.346). Es scheint trotzdem eine grosse Minderheit zu geben, die nicht intrinsisch für den Statistikunterricht motiviert ist. Einer der Grundsätze der Andragogik ist aber die intrinsische Motivation, und somit ist ein Widerspruch feststellbar, der aufgrund der Daten nicht aufgelöst werden kann. Eine Ableitung für den Unterricht ist vor diesem Hintergrund schwierig. Ein Grundsatz der Pädagogik lautet, die Freude kommt beim Arbeiten von selbst. Dem könnte beigepflichtet werden, indem trotz allem eine gewisse intrinsische Motivation angenommen wird und diese durch einen attraktiven erwachsenengerechten Unterricht aktiviert wird.

Es kann auch sein, dass hier ein Zirkelschluss vorliegt. Weil Statistik falsch unterrichtet wird, erscheint sie schwierig und ist deshalb wenig beliebt (man lernt sie, weil man muss). Wäre es umgekehrt, dann würde ein guter Unterricht dazu führen, dass Statistik als einfacher empfunden würde und entsprechend gern gelernt würde. Ein klassisches Erklärungsdilemma. Es kann an dieser Stelle nur dafür plädiert werden, die in dieser Arbeit vorgestellten Massnahmen zu berücksichtigen und bei der Motivation daran zu denken, dass zu einem grossen Teil intrinsische Motivation vorausgesetzt werden kann, dass aber auch starke extrinsische Motivationsfaktoren, wie z. B. Prüfungen, in den Kurs eingebaut werden müssen.

8 Schlussfolgerungen

Das Ziel dieser Studie war die Überprüfung der Theorie von Knowles im Rahmen des Statistikunterrichtes an Hochschulen. Die Studie wurde aber so angelegt, dass die hier gemachten Befunde grösstenteils auch als generische Ergebnisse betrachtet werden können und somit auch eine Relevanz für andere Hochschulfächer belegen.

Damit der Statistikunterricht erfolgreich durchgeführt werden kann, braucht es nicht nur den Blick auf die Methodik und Didaktik, sondern die Synergie von Inhalt, Pädagogik und Technik. Bis heute wird bei Statistikschulungen aber vorwiegend der inhaltliche und technische Aspekt ins Zentrum gestellt. Deshalb will die vorliegende Arbeit, in Bezug auf die vorgestellte Diskussion in den USA, den pädagogischen – besser ausgedrückt erwachsenenbildnerischen – Teil ins Zentrum stellen. Nicht weil er den bedeutendsten Teil darstellt, sondern weil er der am meisten vernachlässigte Aspekt zu sein scheint. Vor diesem Hintergrund wurde die Theorie Knowles' eingeführt und gleichzeitig im Hauptteil empirisch überprüft. Dabei konnte die Gültigkeit der Thesen über das Erwachsenenlernen validiert werden. Die Postulate *zu Need* (Wissensbedürfnis), *Selfconcept* (selbstverantwortetes Lernen), *Foundation* (Miteinbezug der eigenen Erfahrung), *Readiness* (Relevanz des Stoffes für die aktuelle Situation des Lernenden), *Orientation* (Relevanz für die eigene Problematik) und *Motivation* (hohe intrinsische Motivation) konnten alle in ihrer positiven Bedeutung für die Erwachsenenbildung bestätigt werden. Somit darf aufbauend auf dieser Validierung die These aufgestellt werden, dass an der Hochschule und im Speziellen für den Statistikunterricht nach den Vorschlägen Knowles' gearbeitet werden sollte.

Die Studie zeigt aber auch, dass es einschränkende Faktoren gibt. Ein Wesentlicher ist der Reifegrad der Studierenden. Offenbar ist es so, dass das Bedürfnis nach einzelnen von Knowles vorgeschlagenen Methoden erst mit ansteigendem Alter resp. zunehmender Reife geweckt wird. Dies konnte immerhin bei drei Hypothesen – nämlich bei dem Bedürfnis zu wissen, der Bereitschaft zu lernen und der Lernorientierung – aufgezeigt werden. Das ist ein wichtiger Befund, denn er zeigt, dass die Methoden zum Erwachsenenlernen je nach Situation adaptiert werden müssen, weil - vielleicht kulturell bedingt - der Reifeprozess bei den Studierenden etwas langsamer verläuft, als vom biologischen Alter her erwartet werden könnte.

Eine Auffälligkeit zeigte sich ebenfalls bei der Thematik des selbstgesteuerten Lernens, welches eines der Kernpunkte sowohl des konstruktivistischen Ansatzes, wie der Theorie von Knowles darstellt. Die untersuchten Daten zeigen jedoch, dass das als bedeutsam deklarierte selbstgesteuerte Lernen bei den Studierenden nicht überall gleich stark vorhanden ist. Dies scheint als Resultat bemerkenswert, weil das autonome Lernen möglicherweise fälschlich so stark betont wird. Obwohl radikale Konstruktivisten darauf verweisen, dass die Studierenden selbständig sein müssen, wenn sie eine universitäre Ausbildung machen, missachtet diese Forderung den Umstand, dass autonomes Lernen ein entsprechendes Umfeld und Kompetenzen benötigt. Wenn eine Mehrheit der Lehrkräfte nach einem behavioristischen, mehrheitlich instruierenden Modell unterrichtet, wird dies die Kultur einer Ausbildungsinstitution prägen. Und wenn diese Ausrichtung die überwiegende Lehr- und Lern-Kultur darstellt, werden sich die Studierenden danach ausrichten. Caldwell (2004) meint, wenn Erwachsene als Erwachsene behandelt werden, werden sich diese auch wie Erwachsene verhalten. Umgekehrt verhalten sie sich wie «Kinder», wenn sie als solche behandelt werden.

Obwohl die Studie einen Widerspruch bei der Motivation aufgezeigt hat, wird hier – wie eben argumentiert – darauf verwiesen, dass sich die gesamte Lehr-Lern-Kultur an den Hochschulen vermehrt in Richtung Erwachsenlernen bewegen sollte. Die hier geäusserte Vermutung lautet, dass dann der konstruktivistische Ansatz des selbstverantworteten Lernens mehr Anklang finden wird.

Ausblickend wäre es interessant, die Thematik «Reifegrad» zu vertiefen und zu schauen was andere Forschungsrichtungen dazu meinen. In der Managementlehre hat sich die Theorie des situativen Führungsstils etabliert. Hersey/Blanchard (1977) gehen in ihrer Situationstheorie davon aus, dass es unterschiedliche Mitarbeitertypen gibt, welche je nach ihrer Entwicklung eine situativ adäquate Führung benötigen. Das Modell unterscheidet vier Typen:

Geringe Reife

Wenn eine Person wenig Reife aufweist, d. h. eher unselbständig arbeitet, dann ist ein sehr aufgabenbezogener Führungsstil notwendig, der viel Unterweisung verlangt. Ein typisches Beispiel wäre ein Lehrling. Der Lehrling dient aber nur als Modell, es kann eine beliebige Person sein, vielleicht ist sie enthusiastisch und engagiert, verliert sich aber irgendwo in der Arbeit und kommt so nicht vorwärts.

Geringe bis mittlere Reife

Mitarbeiter in dieser Kategorie können und wollen ihre Ideen diskutieren, benötigen aber immer noch klare aufgabenbezogene Anweisungen. Das können Personen sein, die frisch angefangen haben und noch nicht alle Abläufe kennen, sich aber bereits darüber Gedanken machen.

Mässige bis hohe Reife

Diese Leute sind Spezialisten, brauchen aber die Unterstützung der Vorgesetzten. Als Beispiel kann das Pflegepersonal aufgeführt werden, welches seine Arbeiten gut kennt, aber auch viel mit den Vorgesetzten besprechen muss.

Hohe Reife

Spezialisten, die ihre Arbeit selbständig erledigen und nur selten mit Vorgesetzten Rücksprache nehmen müssen. Das kann ein Projektleiter sein, der in eigener Verantwortung und Kompetenz ein komplexes Projekt abwickelt und nur bei fälligen Terminen Rücksprache mit den Vorgesetzten nimmt.

Es wird hier angenommen, dass diese vier Grundtypologien auch für Erwachsene Lernende gelten. Es wäre sehr spannend zu sehen, ob diese vier Gruppen empirisch im Unterricht nachgewiesen werden könnten. Die hier untersuchten Daten liefern Hinweise, dass dem so sein könnte. Für die genauere Erforschung wäre aber eine zielgerichtetere Analyse nötig. Es kann hier zum Schluss zusammengefasst werden, dass die Theorie von Knowles wichtig ist für den Unterricht mit Erwachsenen, dass dies aber wiederum nur die Basisvoraussetzungen sind. Darauf aufbauend müssen zusätzliche Verhaltensmuster von Erwachsenen miteinbezogen werden.

Abschliessend soll noch Folgendes angemerkt werden: Obwohl die Arbeit davon ausgeht, dass die vorgestellten Resultate generisch sind, muss der wissenschaftliche Nachweis dafür erst erbracht werden. Ob in anderen Fachgebieten eine Untersuchung zu denselben Ergebnissen kommen würde, kann hier nicht mit Sicherheit belegt werden. Daher wäre eine erweiterte Studie über mehrere Fächer spannend und es kann hier nur angeregt werden, solche Untersuchungen zukünftig durchzuführen.

9 Abbildungsverzeichnis

10 Tabellenverzeichnis

11 Literaturverzeichnis

Aeppli, Jürg (2005): Selbstgesteuertes Lernen von Studierenden in einem Blended-Learning-Arrangement. Lernstil-Typen, Lernerfolg und Nutzung von webbasierten Lerneinheiten. Zürich: Universität Zürich. Philosophische Fakultät.

American Statistical Association (2005): College Report. Guidelines for Assessment and Instruction in Statistics Education (GAISE). Unter Mitarbeit von Carolyn Cuff, Joan Garfield (chair), Robin Lock, Jessica Utts, Jeff Witmer, Martha Aliaga. Herausgegeben von Andrew Zieffler and Stacy Karl. American Statistical Association. Alexandra, VA. Online verfügbar unter http://www.amstat.org/education/gaise/index.cfm.

Arnold, Rolf; Schüssler, Ingeborg (Hg.) (2003): Ermöglichungsdidaktik. Erwachsenenpädagogische Grundlagen und Erfahrungen. Baltmannsweiler: Schneider (Grundlagen der Berufs- und Erwachsenenbildung, 35).

Baldwin, Lane (geladen am 10.4.08 [http://www.lanebaldwin.com/v03I8.htm] 2008/4/3): Business Solutions Newsletter: Don't be afraid of change – Part Two: http://www.lanebaldwin.com/v03I8.html.

Caldwell, Ian; Thomason, Dustin (2004): The rule of four. New York: Dial Press.

Chance, B. L. (2001): Sequencing Topics in Introductory Statistics: A Debate on What to Teach When, S. Vol. 55, No. 2 (2001),140–144.

Cobb, George W. (1992): Heeding the Call for Change: Suggestions for Curricular Action. In: The Mathematical Association of America, Jg. 1992, H. 22, S. 3–43.

Cobb, George W.; Moore, David S. (1997/Nov): Mathematics, Statistics, and Teaching. In: The American Mathematical Monthly, Jg. 104, H. 9, S. 801–823.

Croci, Alfons (Hg.) (1995): Elf. Ein Projekt macht Schule: Magazin zum Thema Erweiterte Lernformen / Alfons Croci (u. a.). 104 S., ill. Luzern: Kantonaler Lehrmittelverlag Luzern.

Garfield, Joan (1997): [New Pedagogy and New Content: The Case of Statistics]: Discussion. In: International Statistical Review / Revue Internationale de Statistique, Jg. 65, H. 2, S. 137–141. Online verfügbar unter http://www.jstor.org/stable/1403334.

Garfield, Joan; Hogg, Bob; Schau, Candance; Whittinghill, Dex (2002): First Courses in Statistical Science: The Status of Educational Reform Efforts. In: Journal of Statistics Education, H. 10. Online verfügbar unter http://www.amstat.org/publications/jse/v10n2/garfield.html, zuletzt geprüft am 12.08.2010.

Henry, George William (2009): An historical analysis of the development of thinking in the principal writings of Malcolm Knowles. Online verfügbar unter http://eprints.qut.edu.au/30346/.

Hersey, Paul; Blanchard, Kenneth H. (1977): Management of organizational behavior. Utilizing human resources. 3d ed. Englewood Cliffs N.J.: Prentice-Hall.

Hulsizer, Michael R.; Woolf, Linda M. (2009): A guide to teaching statistics. Innovations and best practices. Chichester: Wiley-Blackwell (Teaching psychological science, 3).

Kettenring, Jon R. (1997): [New Pedagogy and New Content: The Case of Statistics]: Discussion. In: International Statistical Review / Revue Internationale de Statistique, Jg. 65, H. 2, S. 153. Online verfügbar unter http://www.jstor.org/stable/1403337.

Bessant, Kenneth C.; MacPherson, Eric D. (2002/Feb): Thoughts on the Origins, Concepts, and Pedagogy of Statistics as a "Separate Discipline". In: The American Statistican, Jg. 56, H. 1, S. 22–28.

Kettenring, Jon R. (1997/Dec): Shaping Statistics for Success in the 21st Century. In: Journal of the American Statistical Association, Jg. 92, H. 440, S. 1229–1234.

Knowles, Malcolm S.; Holton, Elwood F.; Swanson, Richard A. (2005): The adult learner. The definitive classic in adult education and human resource development. 6th ed. Amsterdam, Boston: Elsevier.

Krapp, A.; Weidenmann, B. (1992): Entwicklungsförderliche Gestaltung von Lernprozessen. Beiträge der pädagogischen Psychologie. In: Sonntag, K. (Hg.): Personalentwicklung in Organisationen. Göttingen: Hogrefe, S. 63–82.

Lovett, Marsha C.; Greenhouse, Joel B. (2000/Aug): Applying Cognitive Theory to Statistics Instruction. In: The American Statistican, Jg. 54, H. 3, S. 196–206.

Moore, David S. (1996): Statistics. Concepts and controversies. 4. ed. New York: Freeman.

Moore, David S. (1988): Should Mathematicians Teach Statistics? In: The College Mathematics Journal, Jg. 19, H. 1, S. 3–7. Online verfügbar unter http://www.jstor.org/stable/2686686.

Moore, David S. (1997/Aug): New Pedagogy and New Content: The Case of Statistics. In: International Statistical Review, Jg. 65, H. 2, S. 123–137.

Nühlen, Maria (2010): Erwachsenenbildung und die Philosophie. Historischer Rückblick und die Herausforderung für die Zukunft. Berlin: Lit Verlag (Texte zur Theorie und Geschichte der Bildung, Bd. 28).

Pew, Stephen (2007): Andragogy and Pedagogy as Foundational Theory for Student Motivation in Higher Education. In: In Sight: A Journal of Scholarly Teaching, Jg. 2, H. 1, S. 14–25.

Reischmann, Jost (16.7.2008): Andragogik? – Andragogik! Veranstaltung vom 16.7.2008.

Rivellini, Giulia; Zanarotti, Maria Chiara (Geladen am 10.4.08): Teaching Statistics in Non-Statistics Faculties: http://www.sis-statistica.it/files/pdf/atti/RSBa2004p559-562.pdf.

Sonntag, K. (Hg.) (1992): Personalentwicklung in Organisationen. Göttingen: Hogrefe.

Strittmatter-Haubold, Veronika (2003): Konzept Selbstorganisation – ein Schritt im Lernkulturwandel der Hochschule. In: Arnold, Rolf; Schüssler, Ingeborg (Hg.): Ermöglichungsdidaktik. Erwachsenenpädagogische Grundlagen und Erfahrungen. Baltmannsweiler: Schneider (Grundlagen der Berufs- und Erwachsenenbildung, 35), S. 236–248.

The Annals of Mathematical Statistics (1948): The Teaching of Statistics. In: The Annals of Mathematical Statistics, Jg. 19, H. 1, S. 95–115. Online verfügbar unter http://www.jstor.org/stable/2236065.

Yoshimoto, Keiichi; Inenaga, Yuki; Yamada, Hiroshi (2007): Pedagogy and Andragogy in Higher Education: A Comparison between Germany, the UK and Japan. In: European Journal of Education, Jg. 42, H. 1, S. 75-98. Online verfügbar unter http://www.jstor.org/stable/4543079.

Zmeyov, Serguey I. (1998): Andragogy: Origins, Developments and Trends. In: International Review of Education / Internationale Zeitschrift für Erziehungswissenschaft / Revue Internationale de l'Education, Jg. 44, H. 1, S. 103–108. Online verfügbar unter http://www.jstor.org/stable/3445079.

www.ingramcontent.com/pod-product-compliance
Lightning Source LLC
LaVergne TN
LVHW020448230826
846091LV00004B/1597

9781471030819